꺼!

분자 마법으로 부피를 변화시켜라

글 강선화 | 그림 이지후

분자 마법으로 부피를 변화시켜라

㈜자음과모음

차례

책머리에

『각도로 밝혀라 빛!』이 출간된 지 1년이 지났습니다. 눈에 보이는 현상들을 동화로 엮어 내는 작업이 힘들었지만, 재미있게 읽었다는 주위 분들의 격려에 다시 용기를 내었습니다.

화학의 세계는 우리의 눈으로 볼 수 없는 미시의 세계입니다. 얼음이 녹아 물이 되고, 물이 다시 수증기가 된다는 사실은 알고 있지요. 하지만 물질의 상태 변화는 나노(10억 분의 1) 크기의 분자들의 운동으로 일어나므로 눈으로 직접 확인할 수는 없답니다.

이 책에서는 눈으로 분자를 보고, 상태 변화를 일으킬 수 있는 마법을 설정하여 분자 사이의 거리와 열의 출입에 의해 일어나는 상태 변화를 이해하기 쉽게 설명하였습니다.

또한 과학적 현상과 원리를 수학과 연계하여 설명하는 것은 어려운 작업이었지만, 과학을 좋아하는 학생들을 생각하며 최대한 재미있게 읽으면서 자연스럽게 원리를 이해할 수 있도록 하였습니다.

혼자서 이 내용을 풀어 내려고 했다면 더 어려웠을 것입니다. 과학과 수학과는 거리가 먼 딸이 어려운 부분을 많이 풀어 주고, 동화로 엮는 것을 도와주었기에 또다시 한 권을 마무리할 수 있었습니다.

최근 과학자가 꿈인 초등학생이 많이 줄었다고 합니다. 고등학교에서 과학 교사로 근무하고 있는 필자는 본인의 꿈과 상관없이 과학과 수학을 잘하지 못해 이공계를 기피하는 현실을 보면서 쉽게 가르치는 것이 정말 중요하다는 것을 많이 느끼고 있습니다.

이 책이 과학을 좋아하고, 과학자를 꿈꾸는 학생들에게 미약하나마 도움이 되기를 바랍니다.

강선화

등장인물

황 찬

초등학교 6학년 평범한 남학생.

과학자인 엄마 덕분에 잡다한 과학 지식을 많이 알고 있다. 엄마와 함께 요트 여행을 하던 중 바다에 표류하게 되고, 마법사 아론과 만나면서 알고 있는 지식을 사용하는 방법을 배운다. 아론과 함께 마법의 세계로 들어가 마법을 익히게 된다.

아론

머리가 큰 남자 마법사.

마법 공부를 하기 위하여 인간 세상을 여행하다가 바다에 표류하면서 황 찬과 만나게 된다. 마법 대회에서 우승하는 등 마법의 세계에서는 천재 마법사로 불린다. 황 찬에게 지식을 사용하는 방법을 알려주면서 마법의 길을 걸을 수 있도록 도와준다.

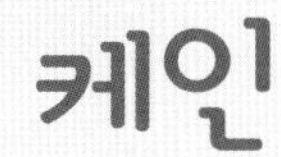

아론의 쌍둥이 동생.

아론과 일란성 쌍둥이로, 얼굴과 목소리가 아론과 똑같다. 아론의 마법사 능력을 질투하여 황 찬을 곤경에 빠뜨리는 인물이다. 나중에는 형과 화해하게 된다.

루나

케인의 제자인 여자 마법사.

황 찬과 비슷한 나이인데도 몸집이 작아 더 어려 보인다. 예쁘고 똑똑하지만, 인간성이 부족한 것이 단점이다. 최고의 마법사가 되기 위해 열심히 노력한다. 마법 대회에서 결승전까지 올라 황 찬과 겨룬다.

프롤로그

요트 여행을 떠나다

열두 번째 생일을 맞아, 엄마와 함께 동남아시아의 한 바다로 꿈에 그리던 요트 여행을 오게 되었다. 과학자인 엄마는 언제나 바빠서 정말 오랜만에 함께 여행을 올 수 있었다. 여행을 준비할 때도 가슴이 설레고 두근거렸지만, 탁 트인 바다 한가운데에서 시원한 바람을 맞으며 생일상을 받는 기분은 최고였다.

"우리 아들, 열두 번째 생일 축하한다!"

엄마는 내가 가장 좋아하는 아이스크림 케이크에 촛불을 켜서 들고 오며 말했다. 아이스크림 케이크 주변에는 아이스크림이 녹지 않도록 드라이아이스가 둘러싸고 있었다. 테이블 주위로 요트의 주인 할아버지와 함께 여행을 온 엄마의 친구 가족들이 모였다.

"생일 축하합니다, 생일 축하합니다. 사랑하는 우리 찬이. 생일 축하합니다."

사람들이 커다란 목소리로 생일 축하 노래를 부르자 나는 왠지 쑥스러워 얼굴을 붉혔다.

"자, 소원을 빌고, 촛불을 끄렴."

엄마는 사랑스러운 눈길로 나를 쳐다보며 말했다.

나는 마음속으로 소원을 빌며 촛불을 '후' 불어 껐다. 사람들은 환호성을 지르며 박수를 쳤다.

"찬아, 생일 축하한다!"

"생일 축하해!"

"고맙습니다. 모두들!"

엄마는 사람들에게 아이스크림 케이크를 나누어 주기 위해서 케이크 주변의 드라이아이스를 치웠다. 그때 드라이아이스 하나가 물컵 속에 떨어졌다. 그러자 물컵 속에서 엄청난 연기가 피어올랐다.

"와, 엄마, 드라이아이스에서 연기가 나요."

드라이아이스

나는 그 모습이 신기해 연기가 나는 컵 안을 들여다보았다. 물속에 들어간 드라이아이스에서 공기 방울이 생기고, 그것이 물 밖으로 나오면서 연기가 피어오르는 것이 보였다.

"신기하지? 엄마도 이런 걸 보면 항상 신기해."

"그런데 이 연기는 뭐예요?"

"드라이아이스가 뭔지는 알지?"

"그럼요! 이산화 탄소 기체를 고체로 만든 거잖아요."

난 자신 있게 대답했다.

"아! 그럼, 이 연기는 이산화 탄소 기체군요?"

"왜 그렇게 생각하지?"

엄마는 빙그레 웃으며 내게 물었다.

"드라이아이스에서 생긴 공기 방울이 나오면서 피어오른 거니까 당연히 연기는 이산화 탄소 기체 아닐까요?"

"이산화 탄소 기체가 눈에 보일까?"

"아, 아뇨. 이산화 탄소 기체는 무색이라 눈에 보이지 않아요……. 그럼 제가 보고 있는 이 연기는 뭐예요?"

나는 눈을 반짝이며 물었다.

"일단 물에 들어간 **드라이아이스에서 생긴 공기 방울은 드라이아이스가 물에서 열을 빼앗으면서 이산화 탄소 기체로 변한 거란다.** 하지만 우리가 보는 연기는 이산화 탄소 기체가 아니야. 차가운 이산화 탄소 기체가 물 밖으로 나오면서 주위의 수증기가 열을 빼앗겨 작은 물방울 입자로 변해서 연기처럼 보이는 거란다."

"드라이아이스가 열을 빼앗는다고요?"

"하하, 드라이아이스가 이산화 탄소 기체로 되는 것처럼 물질이 그 모습을 바꿀 때는 열이 필요해."

"모습을 바꾸는 데 열이 왜 필요해요?"

"음…… 예를 들어 넌 배고플 때 어떤 모습이니?"

"힘이 없어져요. 그리고 움직이기 싫어요."

"그래, 고체는 네가 힘이 없어 움직이기 싫어하는 모습과 같아.

에너지가 없으니 그 장소에 그대로 있는 거지. 하지만 밥을 먹어서 힘이 나면 어때?"

"축구도 하고, 친구들과 함께 막 뛰어다니게 돼요."

난 상상만으로도 신이 나서 말했다.

"네가 밥을 먹는 것이 드라이아이스에게는 열을 뺏어 오는 것과 같은 거야. 그래서 열을 받으면 너처럼 빨리 움직이는 기체로 변하는 거지."

엄마는 웃으며 답해 주셨다.

나는 머리를 끄덕이며 아이스크림 케이크를 큼직하게 떠먹었다.

'음…… 아이스크림은 언제 먹어도 정말 맛있어.'

나는 순식간에 아이스크림 케이크를 거의 다 먹어 치웠다.

우리는 깜깜한 밤이 될 때까지 즐거운 시간을 보냈다. 그리고 늦은 밤이 되어서야 잠자리에 들었다.

'꾸룩 꾸루루룩…….'

새벽녘이 되자 갑자기 배 속이 요동치기 시작했다. 아이스크림 케이크를 많이 먹어 배탈이 난 모양이다. 배 속의 신호가 더욱 강렬해지자 나는 두 손으로 배를 움켜잡고 화장실을 향해 달렸다.

화장실에서 일을 다 보고 침대에 누우니, 배는 편안해졌지만 한번 깬 잠은 쉽게 오지 않았다. 나는 바람이나 쐴 겸 방을 나와 요트의 갑판 쪽으로 올라갔다. 요트는 잔잔한 바다 한가운데에 시동을 멈추고 정박해 있었다. 나는 난간에 기대어 새벽의 바닷바람을 맞으며 서 있었다.

그때였다. 무언가가 바다에 둥둥 떠서 요트에 자꾸 부딪치는 것이 보였다.

'저게 뭐지? 나무판자인가?'

아직 날이 밝지 않아 잘 보이지 않았다. 하지만 자세히 보니 네모난 트렁크 위에 사람이 엎드려 있었다.

"으아아악!"

나는 너무 놀라 뒤로 자빠지고 말았다. 하지만 곧 정신을 가다듬고, 내가 본 것이 정말 사람인지 확인하기 위해 엎드려서 머리를 길게 내밀었다. 헛것을 본 것이라 믿고 싶었지만 그것은 정말 사람이었다.

"여보세요! 제 말 들리세요?"

나는 그 사람을 향해 소리쳤다.

그러자 미세하게 손가락을 까딱이는 모습이 보였다. 그 사람이 살아 있다는 것이 확인되자 안도감이 밀려왔다.

'어른들을 깨울까?'

이럴 때에는 어른들을 불러 도움을 청하는 게 옳을 것이다. 하지만 요트의 높이가 생각보다 낮았기 때문에 조금만 손을 뻗으면 그 사람을 구할 수 있을 것만 같았다. 나는 난간 사이로 몸을 빼낸 후, 왼손으로 난간을 잡은 채 오른손을 뻗었다.

'조금만 더, 조금만…….'

그러나 안타깝게도 손이 닿지 않았다.

그 순간, 파도가 일렁이며 요트가 크게 흔들렸다. 나는 요트를 잡고 있던 손을 놓치면서 몸의 균형을 잃고 바다에 빠지고 말았다. 수영을 못하는 나는 거대한 파도에 휩싸이자 너무 놀라 그대로 정신을 잃었다.

"이봐, 꼬맹이! 정신 차려."

어둠 속에서 희미하게 낯선 목소리가 들리며 무언가가 내 뺨을 때리는 것이 느껴졌다.

"어이! 어이!"

목소리가 점점 크게 들려오며 감겼던 눈이 스르르 떠졌다. 그러자 눈 앞에 웬 커다란 얼굴이 보였다.

"으아악……. 큰 머리 괴물이다!"

나는 기겁하며 벌떡 일어났다. 내 앞에 있던 큰 머리 괴물은 괴상한 옷을 입은 아저씨였다.

"허, 큰 머리 괴물? 그게 생명의 은인한테 할 소리냐? 사람 목소

리가 들려서 드디어 망망대해에서 탈출하는구나 생각했는데, 날 구해 줘야 할 사람이 바다로 떨어져 버리면 어쩌자는 거야, 꼬맹아!"

아저씨가 나를 째려보며 말했다.

"그럼, 그 바다에 떠 있던 사람이 아저씨예요?"

"그래, 고향을 떠나서 마법 공부하러 나왔다가 바다에서 그만 조난을 당하고 말았지. 네 목소리를 들었을 때 '이제 살았구나.' 싶었는데……."

아저씨는 말을 하다가 갑자기 풀이 죽어 고개를 떨구며 한숨을 내

쉬었다.

"이제 이곳을 어떻게 빠져나가야 할지……."

"여기가 어딘데요?"

나는 '마법 공부'라는 말이 이상하긴 했지만, 마술을 마법이라고 말했나 보다 생각하며 물었다.

"무인도다."

"네? 무인도라고요?"

순간 머릿속이 온갖 생각으로 소용돌이쳤다.

나는 주위를 둘러보았다. 내가 떠내려온 곳은 자그마한 섬 같았다. 내가 앉아 있는 모래사장 앞으로는 넓은 바다가 펼쳐져 있었고, 뒤편의 섬 안쪽으로는 숲이 우거져 있었다.

'사람이 사는 곳이라면 엄마에게 전화라도 할 수 있을 텐데, 무인도라니!'

아저씨는 머리를 뜯으며 괴로워하는 나를 그러길래 왜 그런 실수를 했냐는 표정으로 쳐다보았다. 그러고는 손을 내밀었다.

"어쨌든 반갑다. 나는 아론이라고 해."

나는 그 표정이 미워 입술을 쭉 내밀었다.

"전 황 찬이에요."

악수를 청하는 아저씨의 손을 외면하고 심드렁하게 대답했다.

아저씨는 내민 손을 쳐다보며 멋쩍어했다.

'내가 너무 심했나? 그나저나 이제 어쩐담?'

바다를 쳐다보던 나는 예전에 읽은 책에서 ⊛ SOS가 구조 신호라고 했던 것이 생각났다. 당장 나무 막대기를 찾아 모래사장에 커다랗게 SOS라고 쓰기 시작했다.

⊛ **SOS**
선박이나 항공기가 위기에 처해 있을 때, 무선 통신 장치로 구조를 요청하기 위해 보내는 메시지

"흠, 그렇게 써 봤자 이 망망대해에서 누가 볼지 모르겠군."

큰 머리 아저씨는 날 도와줄 생각은 하지

않은 채 수풀이 우거진 곳으로 가 나무 그늘에 드러누워 버렸다.

하지만 난 포기하지 않았다. 누군가 이 신호를 봐 주기를 기도하며, 글자가 잘 보이도록 모래를 더 깊게 파냈다.

'누군가가 이 글자를 꼭 볼 거야…….'

그렇게 무더운 땡볕 아래에서 몸을 움직이고 있자니 목이 너무 말랐다. 그러나 주위에는 바다밖에 보이지 않았다.

나는 기진맥진한 몸을 이끌고 바닷가로 갔다. 그리고 두 손으로 바닷물을 떠서 입으로 가까이 가져갔다.

"잠깐! 꼬맹이! 너 무인도에서 죽으려고 그러는 거냐?"

내가 바닷물을 한 모금 마시려는 순간 나무 그늘에 늘어져 있던 아저씨가 내게로 허겁지겁 달려오며 외쳤다.

"왜 그러세요?"

나는 놀라서 아저씨를 보며 말했다.

"목마르다고 바닷물을 마시는 게 얼마나 위험한 건지 알아?"

내가 아저씨의 말이 이해되지 않는다는 표정을 짓자 아저씨는 내 눈을 똑바로 보며 물었다.

"꼬맹아, 라면 국물을 먹고 갈증이 가신 적이 있냐?"

"먹고 있을 때는 목마른 게 좀 괜찮아지는 것 같긴 했어요. 그런데 먹고 나서는 꼭 물을 마시게 되더라고요."

"바로 그거다. 라면 국물처럼 짠 걸 먹으면 순간적으로는 목이 축여져 갈증이 가신다고 느낄지 모르지만, 목마름은 계속 되지."

"하지만 바닷물을 마실 때나 맹물을 마실 때나 물이 몸에 들어가는 건 똑같잖아요."

오랫동안 아무것도 먹지 못한 나는 빨리 목을 축이고 싶은 마음에 짜증 섞인 어투로 말했다.

"물이 바닷물이랑 똑같다니! 하, 꼬맹이, 네 눈에는 그렇게 보일지 몰라도 우리 몸에 들어갔을 때 반응은 완전히 달라."

아저씨는 답답하다는 듯한 말투로 말했다.

"바닷물처럼 소금이 가득 들어 있는 물이 우리 몸에 들어가면 물이 우리 몸에 흡수되는 것이 아니라 오히려 우리 몸에 있던 물이 빠져나오게 되지. 그러면 우리 몸은 더욱 더 갈증이 나게 되고……. 목마르다고 바닷물을 계속 들이키다간 몸에 있는 수분이 모두 빠져나가 버리고 말 거다."

아저씨의 말에 순간 오

싹해진 나는 바닷물을 얼른 버렸다.

"몸에 있는 물이 다 빠져나가요……?"

나는 몸을 살짝 떨며 아저씨의 눈을 똑바로 보고 말했다.

"몸에 있는 물이 빠져나간다기보다는 세포에 있는 물이 빠져나간다는 말이 더 정확하지."

"그게 무슨 말씀인지 이해가 안 돼요."

"우리 몸이 세포로 이루어져 있다는 건 알지?"

"당연하죠. 그런데 세포가 뭐요?"

"농도가 높은 물이 우리 몸에 들어가면 우리 몸을 이루고 있는 세포에서 물이 빠져나오게 된단다. 그런 현상을 '삼투'라고 해. **얇은 막을 사이에 두고 바닷물처럼 농도가 높은 용액과 농도가 낮은 용액이 있으면 물이 농도가 높은 용액 쪽으로 이동하는 현상이지.** 예를 들면 배추에 소금을 뿌리면 배추 속의 물이 밖으로 빠져나오면서 절여지는 것과 같은 거야."

아저씨는 알기 쉽게 설명해 주었다.

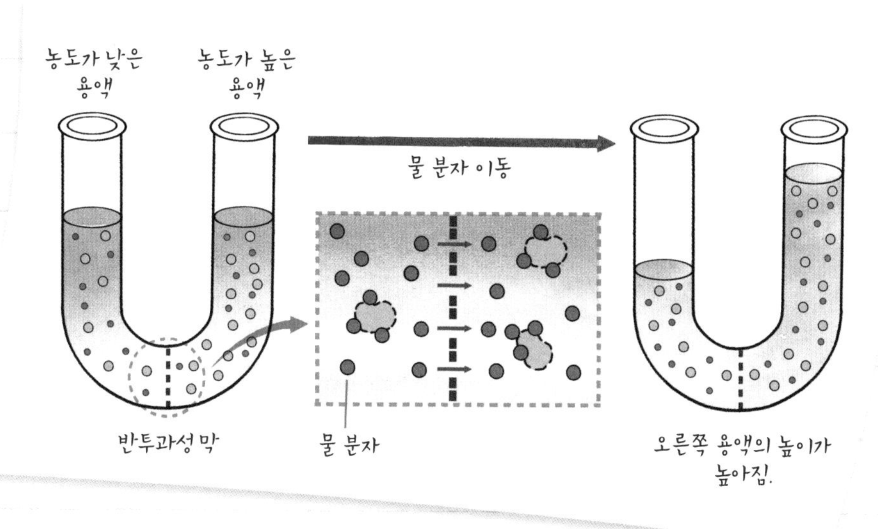

삼투

"그럼 이제 어떻게 해야 하죠? 이 섬에 물이 있을까요?"

"음…… 내가 대충 돌아봤는데, 이 근방에는 물이 없는 것 같다."

"물이 없다고요? 살려면 물이 있어야 하잖아요."

내가 불안해하자 아저씨는 방법이 있다며 함께 떠내려 온 자기 트렁크를 가리켰다.

"내게 마법 지팡이만 있다면 먹고 마실 것쯤은 충분히 만들어 낼 수 있지만, 바다에서 마법 지팡이를 잃어버려 그건 힘들겠고……. 저 가방 안에 들어 있는 내 마법의 도구들로 깨끗한 물 정도는 만들 수 있을 거다."

"마법의 도구요? 아까 마법을 한다는 것도 그렇고, 아저씨 마술사세요?"

"마술사가 아니라 마법사!"

아저씨는 내 말에 발끈하며 답했다. 나는 아저씨의 반응에 더 이상 아무 말도 할 수 없었다.

"자, 내 마법의 도구들을 공개하지."

아저씨는 그렇게 말하며 힘차게 트렁크를 열어젖혔다.

그 안에는 과학 실험 시간에 보던 여러 종류의 실험 도구가 엉켜 있었다. 아저씨는 그것들을 모두 꺼내 모래사장에 나열하기 시작했다.

아저씨가 꺼낸 물건은 작은 돈주머니, 실험할 물체를 넣는 비커, 불을 붙일 때 사용하는 라이터와 병 내부에 알코올이 들어 있어 병 밖으로 빠져나온 심지에 불을 붙이면 바로 불이 붙는 실험용 알코올램프, 그리고 적은 양의 액체를 빨아들이거나 옮길 때 쓰는 스포이트와 밑이 넓고 입구가 좁은 삼각플라스크로 모두 여섯 개였다.

'저런 게 마법 도구라고?'

나는 트렁크에서 특별하지 않은 물건들이 나오자 적잖이 실망했다.

"자, 이것만 있으면 우리가 마실 물을 충분히 만들 수 있을 게다."

아저씨는 자신만만하게 말하며 늘어놓은 여러 물건 중 비커와 알코올램프, 라이터를 골라내었다. 그리고는 비커를 들고 일어서더니 바닷물을 가득 담아왔다.

"어, 아저씨. 바닷물은 마시면 안 된다면서요."

놀란 마음에 내가 외쳤다.

"쯧쯧, 답답한 꼬맹아. 바닷물을 마시면 안 되는 이유는 이 안에 들어 있는 소금 때문이라고. 나는 이 바닷물을 끓여서 소금기를 쏙 빼고 물만 남길 거야."

"우와! 그렇게 할 수도 있어요?"

내가 신기해하자 아저씨는 어깨를 으쓱였다. 그리고 모래를 파내고 그 안에 알코올램프를 넣은 후 다시 모래로 알코올램프를 반쯤 덮었다. 그랬더니 알코올램프가 쓰러지지 않고 안정적으로 서 있었다.

"자, 여기에 불을 붙이고 바닷물을 가열하면 물과 소금을 분리할 수 있지."

"제가 해 볼래요."

우리 부모님은 안전을 이유로 내가 불 곁에 가까이 가는 것을 허락하지 않았다. 그래서 나는 이때다 싶어 아저씨 손에 들린 라이터를 뺏듯이 가져왔다. 조심성 없이 라이터 휠을 확 돌리자 갑자기 라이터에서 불길이 솟아올랐다. 갑작스럽게 치솟은 불길에 깜짝 놀란 나는 라이터를 바닥에 던져 버리고 말았다.

"꼬맹아! 불에 데고 싶은 거냐? 원래 불을 이용한 실험은 실험용 장갑과 보호 안경을 착용하고 해야 하는 거야. 지금은 그런 게 없으니까 나 같은 어른에게 맡기라고."

아저씨는 나를 꾸중하고는 바닥에 떨어진 라이터를 집어 들었다. 그리고 조심스럽게 알코올램프에 불을 붙였다.

“그 대신 이 비커를 불 위에 올리는 건 네가 하렴.”

내가 무안해하자, 아저씨는 바닷물이 든 비커를 내게 넘겨주며 말했다. 나는 신이 나 비커를 받아들고, 그대로 불 위에 얹으려 했다. 하지만 아저씨는 곧 내 손에서 비커를 빼앗아 갔다.

“이런! 그걸 불 위에 그냥 얹으면 어떻게 해! 알코올램프의 불이 꺼지잖아. 삼발이가 있으면 좋으련만…….”

“어! 삼발이, 저 그거 알아요. 발이 세 개 달린 탁자 같은 거잖아요.”

손에 들고 있던 것을 뺏겨 심술이 났던 나는 아는 것이 나오자 재

빨리 대답했다. 사실 과학 실험 시간에 장난을 치느라 선생님 말씀을 잘 안 듣기는 했지만 삼발이는 기억이 났다.

"꼬맹이, 그건 아는구나."

"그럼요! 삼발이 대신 돌을 이용해서 비커를 올려놓는 건 어때요?"

아저씨는 제법이라는 듯 고개를 끄덕였다.

나는 해안 안쪽의 숲 속에서 적당한 크기의 돌 세 개를 가져왔다. 돌들을 알코올램프 주변에 놓고 비커의 균형을 잡아 그 위에 얹었다.

"이제 물이 끓기를 기다리면 된다. 난 잠시 그늘에서 쉬고 있을 테니, 꼬맹이 네가 잘 봐야 한다."

아저씨는 하품을 하며 또다시 자신이 누워 있던 나무 그늘로 향했다.

나는 속으로는 투덜댔지만, 조용히 물에서 기포가 올라오는 것을 지켜보았다.

어느덧 해가 점차 고개를 숙이

고 있었다. 몸을 무겁게 만들던 뜨거운 햇살도 점차 사라져 갔다. 물은 생각보다 빨리 끓지 않았다. 물이 끓는 것을 기다리다가 나는 깜박 잠이 들었다. 아저씨의 코고는 소리에 잠을 깬 나는 바닷물이 끓어 마실 수 있는 물이 되었는지 비커 안을 살펴보았다.

"으악! 아저씨, 큰일났어요. 물이 한 방울도 안 남았어요!"

말 그대로 비커 안에는 물이 한 방울도 남아 있지 않았고, 하얀 알갱이들만 톡톡 튀고 있었다.

내 고함 소리에 놀란 아저씨는 깜짝 놀라 뛰어왔다. 그리고 비커

를 급히 집어 들었다.

"앗, 뜨거!!"

아저씨는 뜨거운 비커를 손으로 통통 튀기다가 모래사장에 살짝 던져 놓았다.

"아저씨, 괜찮으세요? 흠, 아저씨도 실험을 할 때 손 안 데게 조심해야겠네요."

나는 아까 들었던 꾸중이 생각나 은근히 딴청을 피우며 말했다. 아저씨는 무안한 듯 헛기침을 하고는 말을 돌렸다.

"응? 이상하다. 이 안에 맑은 증류수가 남아야 하는데……."

"증류수요?"

“깨끗한 물을 말하는 거야. 아무것도 섞이지 않은 순수한 물 그 자체를 말하는 거지.”

“그렇지만 물은 한 방울도 남지 않았는걸요.”

내가 말했다.

아저씨는 이상하다는 표정을 지으며 비커 안에 남은 흰 가루를 손가락으로 찍어 혀 끝에 갖다대었다.

“으…… 짜. 뭐야, 이거 소금이잖아. 왜 물이 아니라 소금이 남은 거지? 어디서 잘못된 거야?”

나와 아저씨는 턱을 괸 채 왜 물이 아닌 소금이 남았는지 생각해 보았다.

“꼬맹이, 네가 비커를 안 살피고 딴짓하다가 물이 쏟아진 거 아니냐?”

아저씨는 의심의 눈초리로 쳐다보며 말했다.

아저씨의 말에 움찔하기는 했지만, 물이 쏟아지는 일 따위는 없었다. 나는 아저씨의 말에 반박했다.

“흥, 아저씨의 방법이 잘못된 거겠죠. 그럼 다시 한 번 끓여 봐요.”

나는 비커에 다시 바닷물을 가득 떴다. 그리고 불 위에 얹고 끓을 때까지 지켜보기로 했다. 아저씨와 나는 쭈그려 앉아 누구 생각이 맞는지 비커를 보며 신경전을 벌였다.

얼마 후 바닷물은 아래에서 기포가 방울방울 일어나며 끓기 시작했다. 그리고 새하얀 김이 올라왔다.

‘우와, 하얀 김이 막 올라오네. 꼭 드라이아이스같이…….’

하얀 김을 보며 요트에서 들었던 엄마의 말이 떠올랐다. 드라이아이스를 물에 떨어뜨렸을 때 나오는 공기 방울을 보며 엄마는 그것 역시 드라이아이스이며, 단지 다른 모습을 하고 있는 것뿐이라고 했다.

생각이 거기까지 이르자, 나는 혹시 바닷물이 끓으며 올라오는 저 김 역시 물과 같은 것이 아닐까 싶었다. 나는 당장 숲 쪽으로 달려가 바나나 잎 하나를 가져왔다. 그리고 끓는 바닷물이 담긴 비커 위에 올려놓았다.

“꼬맹아! 지금 뭐 하는 거야.”

“잠시만 기다려 보세요. 왠지 이렇게 하면 될 것 같아요. 이것도 아니면 다시 해 보면 되죠, 뭐.”

내가 진지한 표정으로 말하자 아저씨는 나와 말싸움하기 싫다는 표정으로 심드렁하게 고개를 돌렸다.

바나나 잎을 비커 위에 올려놓자 하얗게 올라오던 김이 바나나 잎에 가로막혀 나오지 못했다. 그리고 곧 신기한 일이 벌어졌다.

“아저씨! 이것 보세요. 바나나 잎에 물방울이 맺혔어요!”

무표정하게 바다를 바라보던 아저씨는 내 말에 고개를 돌렸다. 비커의 입구를 덮은 바나나 잎의 아래쪽에는 눈에 보일 정도의 물방울이 깨알같이 맺혀 있었다. 물방울을 본 아저씨의 눈은 놀란 듯이 커지더니 점점 의심의 눈빛으로 변했다.

아저씨는 물방울이 맺힌 바나나 잎을 들어 살짝 뒤집었다. 그리고 바나나 잎을 이리저리 구부려 맺힌 물방울을 한 곳으로 모은 후 얼마 되지 않는 물을 한입에 들이켰다.

"어? 그걸 혼자 마시면 어떻게 해요. 아저씨!"

드디어 물을 마실 수 있을 거라 기대하고 있던 내가 흥분해서 외쳤다.

"그래. 맞아. 소금은 남고 물이 끓어서 증발하는 거였지. 증발하는 수증기를 다시 물로 만드는 장치를 만들어 놓았어야 했는데……. 그걸 까먹은 거였어."

"까먹어요……?"

나는 어이없는 표정으로 아저씨를 올려다보았다.

"하핫, 내가 원래 잘 까먹는 성격이라, 이것도 깜빡했네. 뭐 끝이 좋으면 좋은 거 아니겠어?"

아저씨는 그렇게 말하더니 들고 있던 바나나 잎을 아무 일도 없었다는 듯 비커 위에 살며시 올려놓았다.

"하하, 그래도 내가 반쯤은 기억해서 다행이지."

아저씨는 자신의 방법이 틀린 것을 모르고 날 의심했던 일은 없었다는 듯 말했다. 아까 일로 마음이 상해 뾰로통해 있는 나를 보고서도…….

"거기에다 소금을 얻는 법도 덤으로 알아낸 셈이지. 소금도 생존에 있어 아주 중요한 먹거리거든."

살짝 삐친 나는 아저씨의 말에 답하지 않고 바나나 잎에 물이 모이는 것만 지켜보았다. 잠시 후 바나나 잎에는 꽤나 많은 물방울이 맺혔다.

"이번에는 내가 마실 차례죠?"

내가 바나나 잎에 막 손을 대려고 할 때 아저씨가 먼저 바나나 잎을 들어 올렸다.

"또 아저씨 혼자 마실 셈이에요?"

나는 펄쩍 뛰어오르며 말했다. 그러자 아저씨는 바나나 잎의 물을 한곳으로 모아 내게 건넸다.

"미안하다."

아저씨는 개미만 한 목소리로 말했다.

"네? 뭐라고 하셨어요?"

나는 못 들은 척 다시 말했다.

"아, 아무것도 아냐. 많이 마시라고!"

아저씨는 멋쩍은 듯 얼굴을 붉혔다.

나는 물을 마시고는 다시 비커 위에 바나나 잎을 올려놓았다.

"그나저나 신기하네요. 어떻게 저 김이 물이 되는 거죠?"

나는 아저씨의 사과에 마음이 풀려 어색하게 질문했다.

내 질문에 아저씨는 자신만만한 표정을 지었다.

"알고 싶냐, 꼬맹아?"

"아, 뭐, 굳이……."

"흐흠, 저 김 역시 모습이 다를 뿐 결국 물과 같기 때문이야."

아저씨는 나의 말에 아랑곳하지 않고 설명했다. 처음에는 별로 관심이 없었지만 엄마가 들려준 이야기와 비슷해서 나는 자연스럽게 귀를 기울이기 시작했다.

"이걸 설명하려면 먼저 원자에 대해 알아야 하는데……."

"워…… 원자요?"

원자는 처음 들어 보는 단어였다.

"눈에 보이지 않는 아주 작은 알갱이 같은 거야. 세상에서 가장 작은 입자를 부르는 말인데, 지구를 하나의 물체라고 한다면 이 지구를 이루는 흙 알갱이와 나무 한 그루, 풀 한 포기들은 모두 지구의 원자가 되는 거지. 물체와 원자의 비율로 보자면 꼬맹이, 네가 딱 지구의 원자 크기만 하겠구나."

그는 장난스럽게 손으로 내 머리를 흐트러뜨리며 말했다. 나는 재빠르게 그 손을 피하며 말했다.

"원자에 대해서 구체적으로 설명해 주세요."

"좋아. **원자는 말이야. 더 이상 쪼갤 수 없는 가장 작은 알갱이를 말해.** 너무 작아서 현미경으로도 보기가 어렵고."

"얼마나 작은데요?"

"원자의 지름은 10^{-10}(10의 −10제곱)m 정도 되지."

"10의 −10제곱이라고요?"

"10의 10제곱이란 10을 열 번 곱한 것을 말해. 그리고 10의 −10제곱이란 $\frac{1}{10^{10}} = \frac{1}{10000000000}$을 말하지."

"10^{-10}m……. 도대체 그게 얼마나 작은 건데요?"

나는 원자의 크기가 좀처럼 감이 오지 않았다.

"1m가 몇 cm인지는 알지?"

"그건 알죠. 아저씬 제가 아주 바보인 줄 아시나 봐요? 100cm잖아요. 그리고 1cm는 10mm, 1m는 1000mm라는 거 정도는 당연히 안다고요."

"그렇지! 원자는 1m 안에 10^{10}개, 즉 100억 개를 일렬로 죽 늘어놓은 정도의 크기야. 다시 말해서 1cm 안에 10^{8}개(1억 개), 1mm 안에 10^{7}개(1000만 개)가 들어갈 수 있을 정도의 크기지. 1mm 안에 1000만 개가 아니라 100개를 늘어놓아도 우리 눈으로는 볼 수 없을 거다."

"와, 그렇게나 작아요? 그런데 그 '원자'라는 게 수증기가 물과 같다는 것과 무슨 관련이 있는 거죠?"

"관련이 엄청 많지! 어떤 종류의 원자 몇 개가, 어떤 모양으로 결합되어 있느냐에 따라 무수한 성질의 분자를 만들어. 예를 들어 산소라는 원자 1개와 수소라는 원자 2개가 V자로 결합하면 '물 분자'가 되고, 산소라는 원자 2개와 수소라는 원자 2개가 N자로 결합하

물		우리 몸의 약 70%를 이루고 있는 성분. 화학적으로는 수소(H) 2개와 산소(O) 1개로 이루어져 있어 H_2O로 표시한다.
과산화 수소		공기 중에서 물과 산소로 분해되어 소독약으로 사용되며, 산소 때문에 표백제로 사용하기도 한다. 수소 2개와 산소 2개로 이루어져 H_2O_2로 표시한다.

면 소독약의 성분인 '과산화 수소 분자'가 되지."

아저씨는 모래 위에 물 분자와 과산화 수소 분자를 그려서 보여주었다.

"원자가 모여서 분자가 된다는 정도는 알겠는데, 좀 더 정확히 설명해 주세요. 분자란 또 뭔가요?"

"그래, 분자라는 개념도 알아야겠구나. **분자란 물질의 성질을 지닌 가장 작은 입자를 말해.** 즉 원자들이 서로 결합하여 물질의 성질을 갖는 분자를 이룬단다."

"결합이오?"

"결합이란 원자끼리의 연결을 말하는 건데, 같은 종류의 원자로 이루어졌다고 해도 결합이 다르면 다른 종류의 물질이 되지. 예를 들어 탄소라는 원자가 어떻게 결합하느냐에 따라 연필심을 만드는

> ★ **흑연**
> 순수한 탄소로 이루어진 광물의 하나. 검은색을 띠고 광택이 있다.

★ 흑연이 되기도 하고, 어른들이 좋아하는 보석인 다이아몬드가 되기도 한단다. 이 둘의 가격은 천지 차이지."

아저씨는 마치 과학자처럼 뽐내며 말했다.

"좀 더 자세히 설명해 주세요. 어떻게 탄소 원자가 연필심도 되고 다이아몬드도 될 수 있는 거예요?"

"흑연은 탄소 원자가 평편하게 결합되어 있는 것이고, 다이아몬드는 사면체 형태로 결합되어 있지. 이렇게 다른 형태로 연결되어 있으면 같은 원자라도 다른 물질이 되는 거야."

"그럼, 원자의 종류, 개수, 결합에 따라 전혀 다른 분자들이 만들어진다는 거네요. 그런데 아직도 저는 그게 왜 수증기와 물이 같다는 것과 연관이 있는 건지 모르겠어요."

"물은 수소라는 원자와 산소라는 원자로 이루어진 '물 분자' 여러 개가 모여 있는 거야. **그런데 이 물 분자가 모여 있는 물을 불로 가열해도, 즉 물에 에너지를 가해도 물 분자 자체는 변**

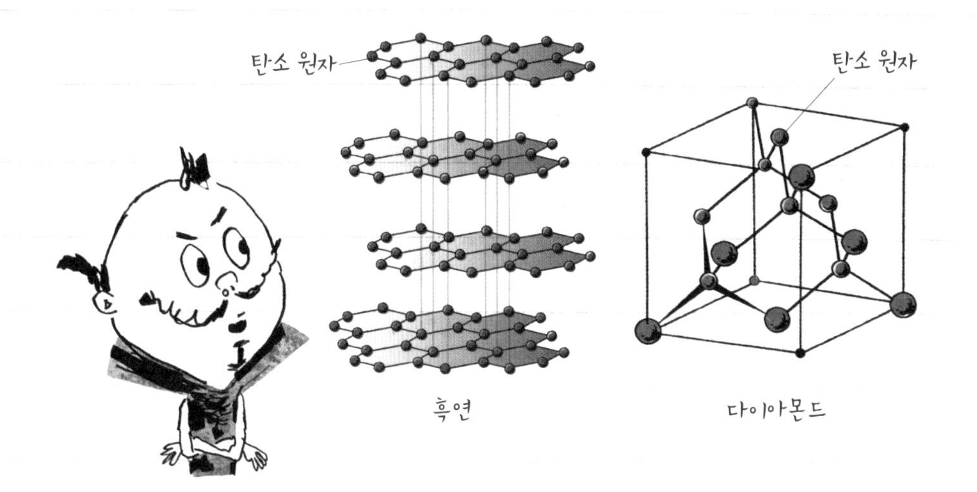

하지 않아. 다만 물 분자 사이의 거리가 변하게 될 뿐이지. 꼬맹아, 고체, 액체, 기체가 뭔지는 알지?"

"그럼요, 아무리 과학을 좋아하지 않아도 그 정도는 안다고요! 물로 예를 들면, 얼음은 고체, 물은 액체, 수증기는 기체라고 할 수 있겠네요."

나는 무시당하지 않으려고 아저씨의 말을 바로 받아서 대답했다.

"그래, 맞았어. 기본 중의 기본이지. 보통 물을 이루고 있는 물 분자는 서로 멀지도 너무 가깝지도 않은 거리를 유지하면서 연결되어 있어. 그런데 온도가 올라가 너무 뜨거워지면 분자들은 서로 멀어지지. 마치 더운 여름날에는 사람들이 몸이 닿는 게 싫어 서로 떨어

져 있는 것처럼 말이야. 그리고 온도가 내려가면 분자들은 굉장히 가까워지지. 마치…….”

“추운 날 사람들이 서로 얼싸안아 체온을 유지하는 것처럼 말이죠?”

“그래, 머리가 그렇게 나쁘지는 않구나?”

“아저씨도 잘 까먹는 사람 같진 않네요. 실은 엄마에게서 대충 들은 적이 있긴 해요.”

아저씨가 놀리자 나도 맞장구를 쳤다.

“크하하하, 재밌는 녀석.”

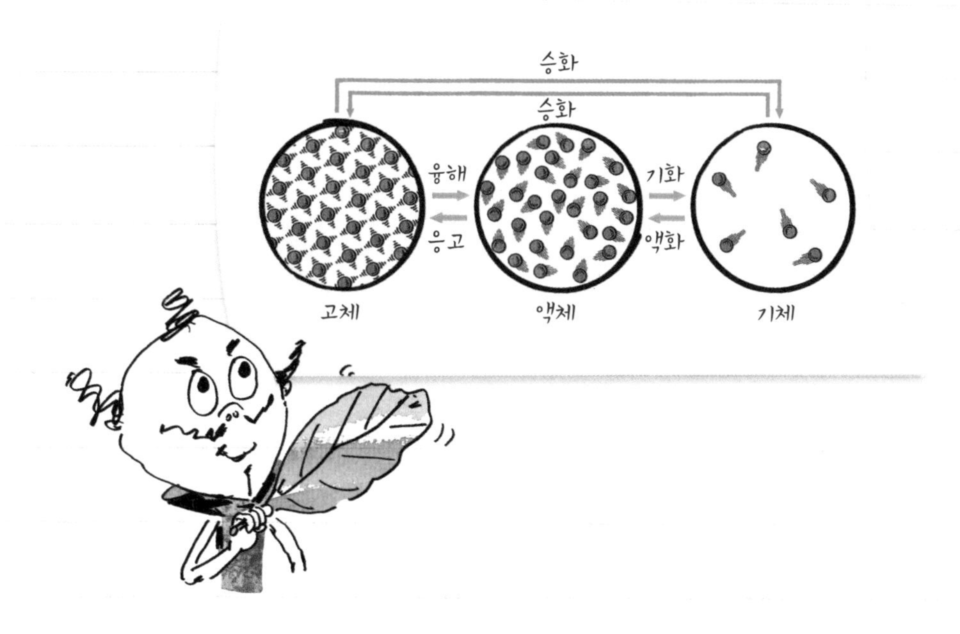

물질의 상태 변화

내가 놀리는데도 아저씨는 호탕하게 웃더니 다시금 설명을 이어 갔다.

"즉 **물 분자가 너무 더워 멀어지면 수증기의 모습이 되고, 너무 추워 가까워지면 얼음이 되는 거야.** 그렇지만 모두 물 분자로 되어 있다는 사실은 변함이 없지. 또, 이러한 현상을 **상태 변화**라고 해."

"아, 그래서 물과 수증기는 형태가 달라도 같은 거라고 하신 거구나. 그럼 바닷물을 끓일 때 올라오던 김은 물의 다른 형태인 수증기였네요. 그런데 어떻게 그 김이 다시 물이 되었죠?"

나는 바나나 잎에 맺히던 물방울을 생각하며 질문을 던졌다.

"그건 말이야. 네가 그 김이 나가는 걸 막으려고 올려놓은 바나나

풀잎에 맺힌 이슬

잎 때문이다. 바나나 잎의 표면이 상대적으로 시원해 올라가던 수증기의 물 분자들이 다시 뭉쳐 액체인 물로 변한 거지."

"아, 그래서 바나나 잎에 물방울이 맺혔던 거군요."

내가 흥미를 보이자 아저씨는 거만한 표정을 지으며 설명을 이어갔다.

"그래, 아침에 풀잎에 맺힌 이슬도 이와 같은 원리로 생긴 거야. 물 말고 다른 것들도 신기하게 변하지. 예를 들어……."

아저씨는 말을 하다 말고 내 눈치를 살폈다.

"예를 들어요?"

아저씨가 갑자기 말을 끊자 궁금해진 내가 물었다. 그러나 아저씨는 더 설명해 줄 생각이 없는지 입을 꾹 다문 채 무언가 고민하는 표정을 지었다.

"예를 들어 뭐요? 이야기를 시작했으면 끝까지 해야죠."

평소에 호기심이 많던 나는 뒷이야기가 궁금해 견딜 수가 없었다. 그러나 아저씨는 나를 실눈으로 살피더니 갑자기 진지한 태도로 물었다.

"꼬맹아, 너 내 제자 해 볼 생각 없냐? 그럼 뒷이야기는 물론 다른 것도 가르쳐 주지. 마법에 관해서도 말이야."

"네? 제자요? 갑자기 그게 무슨 소리예요?"

"아…… 그러니까 말이다. 혼자서 이 섬을 빠져나가 지팡이를 찾는 것은 무리거든. 뭐, 아까 보니 관찰력이나 기억력이 좋은 것 같기도 해서 말이지."

"이런 상황에서 제자라니요. 됐어요. 게다가 세상에 마법이 어디 있어요?"

내가 단호하게 말하자 아저씨는 당황한 기색이 역력했다.

"마법이 없긴 왜 없어! 마법 지팡이만 있었더라면……. 그래, 내 제자가 되어서 마법 지팡이 찾는 걸 도와주면 너도 집으로 무사히 돌려보내 주마."

나는 그 말에 속으로 웃음이 나왔다. 그러나 아저씨의 태도와 눈빛이 너무나 진지해서 거절하면 아저씨에게 상처가 될 것 같았다.

또, 무인도에 있는 동안 소금물 분리나 원자처럼 아저씨에게 배울 것들이 꽤나 있을 것 같았기에 나는 가볍게 고개를 흔들어 긍정의 뜻을 표시했다.

"좋아! 그럼 내일부턴 바쁠 거다. 빈 속도 채워야 하고 말이야. 하하하."

아저씨는 기뻐하며 바나나 잎에 고인 물을 내게 건넸다.

무인도에 갇힌 첫날, 우리는 그렇게 물로 허기진 배를 달래면서 잠을 청하였다.

분자 마법 퀴즈 1

원자와 분자는 어떻게 다른가요?

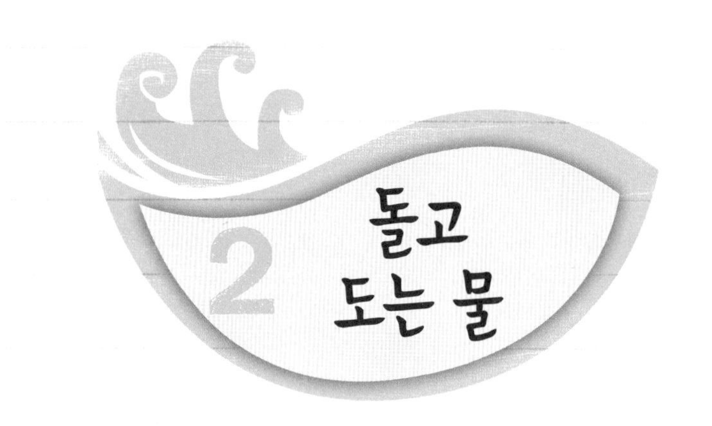

2 돌고 도는 물

무인도에 갇힌 나와 아저씨는 바닷물을 끓여서 얻은 증류수와 숲 속에서 딴 열대 과일들을 먹으며 이틀의 시간을 보냈다. 그동안 섬 주위로 배가 지나갈 것을 기대했으나 배는 물론 비행기 하나도 지나가지 않았다. 결국 나와 아저씨는 무인도에서 구조를 기다리는 것보다 직접 뗏목을 만들어 탈출하는 게 더 빠를 것이라는 결론을 내렸다. 우리는 해안가와 숲 속에서 나무를 주워 뗏목을 만들기 시작했다.

"자, 제자. 너에게 임무를 맡기겠다."

자칭 나의 스승이 된 아저씨는 해파리처럼 겉이 반들거리고 찐득한 보라색 액체가 든 삼각플라스크를 내밀며 말했다. 그 액체는 내가 뗏목을 만드는 사이 아저씨가 아침부터 숲 속을 돌며 알 수 없는 풀들과 ㉮ 진액을 섞어 만든 것이다.

㉮ **진액**
생물의 몸 안에서 생겨나는 액체

"이게 뭐예요?"

"뭐긴, 보라색 물풀(액체 풀)이지. 이 안에 물을 꽉 차게 담아 와라. 이 섬을 탈출할 수 있게 해 주는 중요한 물건이니까 엎지르지 않게 소심하고."

아저씨는 마치 대단한 일을 시키듯이 말했지만, 시원한 나무 그

늘을 벗어나기 싫은 것이 분명했다.

'치…… 열 발자국만 가면 바로 바다인데, 굳이 날 시켜야 하나? 배 만들기도 바쁜데…….'

나는 속으로 툴툴거리며 삼각플라스크를 들고 바다 쪽으로 향했다.

"어이, 꼬맹아, 바닷물 말고 아무것도 섞이지 않은 깨끗한 물로 떠야 해."

내가 바다로 가려고 하자 아저씨가 말했다.

아저씨를 향해 돌아보자 아저씨는 한 손으로 머리를 받치고 누워 다른 한 손으로 숲 안쪽을 가리켰다. 어제 숲 속에서 과일을 따다 발견한 냇가를 가리키는 것이 분명했다.

"아저씨, 거긴 혼자 가기엔 너무 멀잖아요."

나는 그 냇가까지 혼자 갈 생각을 하니 아득했다.

"흠…… 그게 없으면 항해는 불가능한데, 어쩔 수 없이 출발이 늦어지겠네."

아저씨는 나에게도 들릴 만큼 큰 소리로 혼잣말을 한 후 그대로 자는 척을 했다. 아저씨는 절대 일어나지 않겠다는 태도였다.

'어떻게 이 보라색 물풀이 항해에 도움을 줄 수 있다는 걸까?'

나는 씩씩거리다가 탈출과 관련이 있다는 말에 어쩔 수 없이 깊은 숲 속에 있는 냇가로 나섰다.

숲 속으로 들어가자 따가운 햇살은 피할 수 있어 좋았다. 하지만 무성히 우거진 나무와 종류를 알 수 없는 곤충들은 날 힘들게 했다.

한참을 걸어 마침내 냇가에 도착하였다. 물이 무릎 정도까지 오는 곳으로 들어가 삼각플라스크를 물에 대고 살짝 뉘어 물이 플라스크 안으로 들어가도록 하였다. 나는 물과 보라색 물풀이 섞일 거라고 생각했지만, 물은 보라색 물풀과 섞이지 않고 물풀 밑으로 들어찼다.

'아휴, 더워! 빨리 플라스크에 물을 채우고 냇물에서 잠깐 놀다 가야지.'

나는 빨리 냇물에서 놀고 싶어 플라스크를 더 뉘었다.

문제는 이때부터였다. 플라스크 안의 보라색 물풀이 마치 살아 있는 생물처럼 유연히 플라스크에서 빠져나갔다. 그리고 내가 손쓸 틈도 없이 냇물에 쓸려 사라져 버렸다.

"아아…… 이를 어쩌지? 보라색 물풀이 사라져 버렸어……."

나는 힘없는 걸음으로 아저씨에게 다가갔다. 그리고 냇가에서 있었던 일을 사실대로 말했다.

"뭐야? 그걸 냇물에 빠뜨렸다고? 어이구, 내가 플라스크를 기울이지 말라고 말했잖아!"

"네? 그런 말 하신 적 없는데요?"

"그래?"

내가 고개를 끄덕이자 아저씨는 무안한 표정으로 내 시선을 피하며 헛기침을 했다.

"또 깜빡했나 보군. 귀찮지만 찾으러 가야 되겠어."

"네? 찾으러 가요? 떠내려간 물풀을 어떻게 찾아요. 이미 물과 섞여 버렸을걸요."

나는 울먹이며 말했다.

"그건 마법사들의 특별한 물풀이야. 물과 잘 섞이는 일반적인 물풀과 다르게, 기름처럼 물과 절대 섞이지 않고 물 표면에 붙어 물의 흐름을 그대로 따라가지. 물이 상태 변화를 해도 끝까지 따라간단 말이다. 그래서 우리가 만드는 뗏목이 아무리 작고 볼품없어도 그 물풀만 뗏목 밑바닥에 발라 놓으면 큰 해일이 몰아치지 않는 이상 바다에서 뒤집어지지 않아."

"상태 변화요?"

"전에 말했었지? **기체가 액체로 되거나, 액체가 고체로 되는 현상** 말이다."

"네……. 그런데 그 물풀을 다시 만들 수는 없나요? 다시 만드는

물의 상태 변화

게 더 빠를 것 같아요."

나는 물풀을 다시 찾을 수 있을 거라고 생각되지 않았다.

"나도 그러고 싶지만 재료가 없어. 다 써 버렸거든."

아저씨는 허탈한 목소리로 대답했다.

결국 우리는 보라색 물풀을 찾으러 다시 냇가로 달려갔다. 그러나 냇가 주변을 샅샅이 뒤져 보았지만 보라색 물풀은 어디에도 보이지 않았다.

"물에 떠내려간 것 같아요."

"그럼 냇물을 따라 내려가 보자."

우리는 보라색 물풀을 잃어버린 곳에서부터 냇물이 흐르는 방향으로 따라 걸어가기 시작했다. 그런데 아저씨의 발걸음은 이미 보라색 물풀이 어디에 있는 것인지 아는 사람처럼 빨랐다.

"아저씨, 너무 빨리 가는 것 같은데요. 보라색 물풀이 주위의 바위나 풀에 붙어 있을 수도 있잖아요. 자세히 보면서 가야죠."

나는 혹시나 우리가 물풀을 보지 못하고 지나쳐 갈까 봐 걱정이 되었다.

"그런 걱정은 마라. 그 물풀은 물에 착 달라붙어 갈 뿐 물에 스미거나 물 이외의 것에는 잘 달라붙지 않으니까. 또 지금은 낮이라 바위에는 물기가 없으니까 물풀이 달라붙을 확률이 거의 없어."

나는 보라색 물풀을 찾지 못할까 봐 조바심이 났지만 궁금한 것은 참지 못해 아저씨에게 물었다.

"그런데 확률이 뭐예요?"

"확률?"

"네. 듣기는 많이 들었는데 확실히 무슨 뜻인지 모르겠어요."

"**확률이란 어떤 일이 일어날 가능성을 말하는 거야.** 텔레비전에서 일기예보 본 적 있지?"

"네."

"일기예보에서 비가 올 확률을 자주 얘기하곤 하지. 확률이 높다는 건 일어날 가능성이 높다는 건데……. 아, 먼저 경우의 수를 알아야겠구나. 경우의 수라고 들어 봤니?"

"글쎄요, 들어 본 것도 같고……."

"**경우의 수란 어떤 일이 일어날 수 있는 모든 경우의 가짓수를 말해.** 예를 들어 동전을 던졌을 때 동전의 한 면이 나오는 경우의 수는 2야."

"아! 그림이 나올 경우와 숫자가 나올 경우를 말씀하시는 거죠?"

"그래. 그럼 그림이 나올 확률은 어떻게 될까?"

"아저씨가 확률은 어떤 일이 나올 수 있는 가능성이라고 했으니까…… 둘 중 하나죠. 그림 아니면 숫자니까."

나는 내가 말한 것이 맞는지 궁금해서 아저씨에게 바짝 다가가 다음 이야기를 기다렸다.

"그걸 확률이 $\frac{1}{2}$이라고 하는 거다.

$$\text{동전의 그림 면이 나올 확률} = \frac{\text{동전의 그림 면이 나오는 경우의 수}}{\text{동전을 던져 나오는 면의 수}} = \frac{1}{2}$$

이 되지. 자, 그럼 나랑 가위바위보를 해서 네가 이길 확률을 구할 수 있겠냐?"

"음……. 제가 낼 경우의 수는 3, 아저씨가 낼 경우의 수도 3이니까 경우의 수는 6이고……."

내가 열심히 생각하고 있을 때 아저씨가 내 말을 가로막았다.

"잠깐, 경우의 수는 그렇게 구하는 게 아니다. 네가 가위를 낼 때 내가 가위, 바위, 보를 낼 수 있고, 네가 바위를 낼 때도 내가 가위, 바위, 보를 낼 수 있지. 또, 네가 보를 낼 때도 내가 가위, 바위, 보를 낼 수 있지? 그러면 경우의 수는 9가 되지."

"어, 어렵네요."

"둘이서 할 때는 네가 낼 수 있는 경우의 수와 내가 낼 수 있는 경우의 수를 곱하면 된다."

"아! 그렇군요. 거기서 제가 이길 수 있는 경우의 수는…… 음……. 제가 가위를 낼 때 아저씨가 보를 내고, 제가 바위를 낼 때 아저씨가 가위를 내고, 제가 보를 낼 때 아저씨가 바위를 낼 때니까……

나	아저씨
가위	보
바위	가위
보	바위

3이 되네요. 맞죠?"

"그렇지!"

"확률은 $\frac{\text{어떤 사건이 일어날 경우의 수}}{\text{모든 경우의 수}}$

라고 할 수 있으니까…… $\frac{3}{9}=\frac{1}{3}$이죠?"

"음, 이해력이 좋은데? 따라서 확률이 높

다는 건 일어날 가능성이 높은 것이고, 확률이 낮다는 건 일어날 가능성이 적다는 것이지. 그러니까 걱정하지 말고 냇물을 따라가면서 보라색 물풀이 있는지 확인해 보자꾸나."

나는 여전히 조바심이 나긴 했지만 보라색 물풀을 찾을 수 있다는 희망을 갖고 물 표면에 시선을 고정시킨 채 걸음을 빨리했다. 그러나 곧 그 희망은 태풍을 맞은 듯이 뒤엉켜 쓰러진 거대한 나무들과 뾰족한 가시가 돋친 수풀에 가로막히고 말았다. 냇물은 그 수풀 아래로 흘러 반대편으로 가는 것처럼 보였다.

"오 이런, 여기서 길이 끊겨 버리다니……."

길을 가로막은 거대한 수풀에 아저씨는 무척이나 안타까워했다. 그러나 보라색 물풀이 없으면 무인도를 탈출하는 것이 불가능했으므로 이대로 주저앉을 수는 없었다.

"아저씨, 냇물이 저 수풀 너머로 흐르는 건가요?"

"아마 그렇겠지? 이 근처에는 호수나 웅덩이가 없으니까."

"그럼 물이 도착하는 곳이 어디인지 알면 굳이 이 수풀 사이를 지나가지 않아도 되잖아요?"

"바로 그거야! 꼬맹이, 너도 제법 쓸모 있는 말을 하는구나."

그 말에 약간 자존심이 상했지만, 아저씨의 표정이 밝아진 것을 보고 불평하지 않았다.

"분명 바다로 갔을 거예요! 이런 작은 냇물 여럿이 모여 강이 되

고, 다시 강물이 모여 바다로 흘러가니까요."

"그럼, 이 냇물이 흐르는 쪽이 우리가 있던 곳의 정반대 편이니까 모래사장을 따라서 가 보자."

아저씨와 나는 냇가를 뒤로 한 채 섬을 둘러싸고 있는 긴 모래사장을 따라 섬의 반대편 해안에 도착했다. 그곳은 우리가 머물던 곳과 다르게 큰 바위들이 자리 잡고 있었다.

"아저씨, 여긴 바다로 흘러들어가는 강물이 없어요. 우리가 잘못 온 거 아닐까요?"

"아니, 분명 이쪽이야."

아저씨는 확신에 찬 목소리로 말했다.

"왜 강물이 땅 위로만 흐른다고 생각하니? 물은 우리가 보지 못하는 땅 밑에서도 흐를 수 있어."

"땅 밑이오?"

"그래. 해안가에 저 바위들 보이지?"

"저 까맣고 구멍이 뻥뻥 뚫린 바위들이오?"

"저 암석들은 '현무암'이라고 하는 거다. 용암이 굳으면서 생긴 돌인데, 저렇게 커다란 암석들이 해안가를 이루고 있다는 것은 이 주위가 주로 저 암석으로 이루어졌다는 거지."

"어? 그렇다면 이 흙 밑에도 여기저기 구멍이 있을까요?"

현무암

★ **지하수**
땅속의 지층 또는 암석 사이의 빈틈을 채우고 있거나 흐르는 물

"분명 그럴 거야. 그 구멍들이 지하에 물길을 만들어 주는 거지. 그리고 ★ 지하수라고 하는 땅 밑의 강을 이루는 거다."

"신기하네요."

나는 땅 밑으로 흐르는 강을 상상하며 말했다.

"물이 땅 밑으로 흐른다면 바로 바다로 빠져나갔을 거다. 보라색 물풀은 물 아래로 가라앉지 않고 표면에 떠오르니까 이 근처의 바다를 훑어보면 보라색 물풀이 보일 거야. 흩어져서 찾아보자."

"네!"

나는 좀 더 멀리까지 볼 수 있도록 해안가 바위 중 가장 높은 곳으로 올라갔다. 다행히도 바위 곳곳에 구멍이 뚫려 있어 바위를 오르기는 편했다. 바위 정상에 오르자, 눈앞에 탁 트인 바다가 펼쳐졌다. 보라색 물풀이 근처에 있다면 눈에 띌 것이 분명했다. 그렇게 바다의 구석구석을 살펴보던 중 바닷물에 작은 보라색 점이 찍혀 있는 것이 눈에 들어왔다.

"아저씨! 저기예요. 저기 바닷물 위에 떠 있는 보라색 물풀이 보여요!"

내 외침을 듣고 아저씨는 곧바로 내가 있는 바위로 올라왔다. 그리고 바다의 한 곳을 가리키는 내 손끝을 따라 시선을 옮겼다.

"이런, 보라색 물풀이 파도를 따라 빠르게 움직여서 수영을 해서 잡기는 어려울 것 같아."

아저씨는 점점 더 멀어지는 보라색 물풀을 보며 말했다.

"바다가 얼어붙으면 그 위를 걸어서 바닷물과 함께 꽁꽁 언 보라색 물풀을 가지러 갈 수 있을 텐데……."

나는 보라색 물풀이 바로 눈앞에 있는데도 잡을 수 없다는 사실이 너무나 안타까웠다.

"바다는 소금기가 있어서 북극 정도의 추위가 아니면 절대 얼지 않아."

아저씨는 단호하게 말했다.

"그럼, 아무 방법이 없는 건가요? 바다로 흘러간 것이 다시 돌아올 리 없잖아요."

내 말에 아저씨의 표정은 잠시 굳었다. 그러다 무슨 생각이 났는지 얼굴이 환해지며 입가에 미소가 번졌다.

"아냐, 꼬맹아! 물은 다시 돌아올 수 있어!"

"어떻게요?"

"생각해 봐! 네 말대로 냇물이 강이 되고, 다시 강이 바다로 흐르

기만 한다면 바다의 수면이 점점 높아져서 육지가 점차 사라지게 될걸?"

나는 아저씨의 말을 되뇌어 보았다.

"아, 바다의 수면이 계속 높아지지 않는 건 물이……."

"물이?"

"바다에서 '뿅!' 하고 사라지는 걸까요?"

"어이구."

내 대답에 아저씨는 어이가 없다는 표정으로 자신의 이마를 쳤다.

"바다로 물이 계속 흘러가는데도 육지가 잠기지 않는다면 물이 사라지는 거 맞잖아요!"

"꼬맹아, 존재했던 것이 어떻게 '뿅!' 하고 그냥 사라지냐. 그건 마술로도 못하는 거야. 육지에 있던 강에서 바다로 물이 계속 흘러가도 바다가 넘치지 않는다면 당연히 바다의 물이 다시 육지로 돌아오기도 한다는 거지!"

아저씨는 마치 대단한 발견을 한 것 같은 표정을 지으며 내게 말했다.

"흠……, 그럼 강에서 바다로 물이 흐르는 것처럼 바다에서 다시 강으로 물이 흐르는 곳도 있는 걸까요?"

"그건 아닐 거야. 육지의 물이 바다로 흐르는 것은 바다보다 육지가 높기 때문이니까."

"아, 물은 위에서 아래로 흐르니까 바다에서 다시 강으로는 흐를 수 없겠네요."

"도대체 어떻게 돌아올 수 있을까?"

아저씨는 깊은 생각에 빠졌는지 말수가 줄었다. 나도 어떻게 바다로 흘러간 물이 다시 육지로 돌아오는지 생각해 보았지만, 별 다른 수가 생각나지 않았다.

좋은 수가 떠오르지 않자 생각은 전혀 다른 곳으로 흘러갔다. 나는 방금 전 아저씨가 설명해 준 땅 밑의 강은 어떤 모습일지 상상하기 시작했다. 땅속에서 지하철을 타고 사람들이 이동하는 것처럼 배를 타고 다닐 수 있는 물길이 있다면 재밌을 것 같았다. 끝없이 이어진 말도 안 되는 상상에 그만 웃음이 터지고 말았다.

"크크크."

침묵을 깬 내 웃음에 아저씨는 이유를 몰라 멍하니 날 쳐다보았다.

"이 상황에 웃음이 나니?"

"아, 죄송해요. 갑자기 아까 아저씨가 설명해 주신 지하수가 꼭 사람이 지하철을 타고 가는 것 같다는 생각이 들어서요. 반대 방향으로도 흐를 수 있다면 완전 비슷할 텐데. 차라리 하늘을 날 수 있다면 비행기처럼 아무 곳이나 갈 수 있겠죠?"

내 말에 아저씨는 어처구니가 없다는 표정을 지었다.

"꼬맹아, 그런 상상을 할 시간이 있다면 어떻게 탈출해야 할지

를……."

말을 잠시 끊은 아저씨의 표정이 사뭇 진지해지더니 무언가 떠오른 듯 손뼉을 쳤다.

"물도 날 수 있잖아! 그 보라색 물풀은 물의 상태 변화까지도 따라가니까. 물이 수증기가 되어서 하늘로 날아간다면 보라색 물풀도 기체의 형태로 변할 거야. 그럼 어디든 갈 수 있겠지! 그렇다면 육지로 다시 돌아올 수도 있는 거잖아?"

"수증기 말씀하시는 건가요? 그렇지만 수증기는 물이 펄펄 끓어야 생기잖아요."

이 섬에 표류한 첫날 바닷물을 끓여 증류수를 만들던 때를 생각하며 내가 말했다. 바닷물은 생수보다 끓을 때까지 걸리는 시간이 더 길었다. 그것은 바닷물은 보통 물이 끓는 온도인 100℃보다 높은 온도에서 끓는다는 말이었다.

"꼬맹아, 물은 끓지 않아도 수증기가 될 수 있어."

나는 끓지도 않는 물이 어떻게 수증기가 될 수 있는지 의문을 가지며 아저씨를 쳐다보았다. 내 시선을 의식했는지 아저씨는 쉬운 예를 들어 설명하기 시작했다.

"여름에 말이다. 아스팔트에 물을 뿌리는 사람들을 본 적 있니?"

"음, 그런 건 못 봤지만 먹던 물을 쏟아 본 적은 있어요."

내가 답했다.

"그때 그 물을 관찰해 본 적 있나?"

"물론이죠! 엄마 심부름을 가다가 마시던 물을 아스팔트 위에 엎질렀더니 물 때문에 아스팔트 색이 어두워졌어요. 그런데 심부름을 다 마치고 집에 갈 때에는 흔적도 없이 사라졌더라고요. 아! 혹시 이게……."

"그래, **물이 수증기가 되어 공기 중으로 날아간 거다.** 그걸 ㊀ 증발이라고 해."

"그럼 굳이 물이 끓지 않아도 지금 같은 무더운 날씨면 금세 수증기가 된다는 건가요?"

"맞다. 사실 추운 겨울에도 물은 우리 눈에

증발
액체가 끓지 않으면서 액체의 표면에서 일어나는 기화 현상

보이지 않을 만큼 서서히, 그리고 조금씩 수증기가 되어 날아가지."

"아! 알 거 같아요. 샤워한 후에 목욕탕의 물기를 닦지 않아도 하룻밤이 지나고 보면 물기가 사라진 것도 물이 수증기가 돼서 날아갔기 때문이죠?"

나는 신이 나서 말했다.

"그래. 물이 끓을 때만 수증기가 되어 날아간다고 생각하는 건 물을 끓이면 수증기가 되는 속도가 빨라 눈에 보이기 때문일 거야. 하지만 물은 온도가 낮아도 수증기가 될 수 있어. 온도가 높아질수록 수증기가 되는 속도가 빨라지는 거지.

나는 아저씨의 설명을 들으며 이마에 흐르는 땀을 닦았다. 오늘같이 무더위가 계속된다면 물도 빠르게 공기 중으로 올라갈 것이다.

"그럼 그 보라색 물풀도 물과 함께 기체가 될 테니까, 이제 하늘만 살펴보면 되겠네요."

나는 먹구름이 서서히 다가오는 하늘을 보며 말했다.

"그런데 보라색 물풀이 완전히 기체가 되어 공기 중으로 퍼지면 바로 옆에 있어도 보지 못해."

"네? 보라색 연기가 되는 거 아니에요?"

나는 바닷물을 끓여 증류수를 만들 때 올라오던 하얀 김을 생각하며 말했다.

"물을 끓일 때 나오는 하얀 김은 말이다. 공기 중에 떠 있어서 마치 기체처럼 보이지만 사실 기체가 아니야. 기체란 것은 눈에 잘 보이지 않거든. 김은 기체가 아닌 액체인데……. 지금 이건 중요하지 않으니, 다음에 설명해 주마. 우선은 물은 기체가 되면 가벼워서 위로 올라가고, 어디든지 갈 수 있는 상태가 된다는 것은 분명해."

아저씨는 검지손가락으로 하늘을 가리키며 말했다. 광활한 하늘에서 보라색 점을 찾는 것도 막막한데, 기체가 되면 눈에 잘 보이지도 않는다는 말은 다시 찾을 수 없다는 말과도 비슷했다.

"그러면 하늘로 올라간 게 어디로 갈지는 아나요?"

"아, 그러니까, 그게……."

아저씨는 내 시선을 피하며 뜸을 들였다. 나는 왠지 불안한 느낌이 들었다.

"저 스승님? 설마 모르시는 건 아니죠? 육지의 물이 바다로 계속 흐르지만 물이 수증기로 날아가 해수면의 높이가 올라가지 않는 것처럼, 기체가 된 물이 계속 하늘 위에만 있지는 않을 거 아니에요? 그렇다면 육지의 물은 모두 사라질 테니까요."

내가 조심스럽게 물었다.

“그러니까! 하늘로 올라간 수증기……, 그게 어떻게 될까?”

내 질문에 아저씨는 기억을 짜내듯 두 손으로 머리를 싸매며 흔들었다. 날 바라보는 멍한 표정으로 보아 물이 수증기가 된 이후를 전혀 모르는 것이 분명했다.

나는 과연 이 섬을 빠져나갈 수 있을지 점점 걱정이 되기 시작했다. 그리고 걱정은 슬픔이 되어 내 눈에는 눈물이 가득 고였다. 나는 촉촉해진 눈으로 아저씨를 바라보았다.

“으, 너무 그렇게 보지 마. 어른이라고 모든 걸 알고 있을 수는 없는 거란 말이야.”

아저씨는 내가 울음을 터뜨리는 것은 아닌지 당황해하며 말했다. 아저씨의 표정을 읽은 나는 눈가에 고인 눈물을 닦았다. 그렇지만 마음속의 불안은 가시지 않았다.

물이 수증기가 되어 하늘로 올라가는 것이 끝이라면 그 보라색 물풀을 다시는 찾을 수 없을 것이다. 또 그 물풀 없이 허술한 뗏목으로 바다에 나가는 것은 목숨을 걸어야 하는 일이다. 반드시 수증기가 하늘로 올라간 후 어떻게 변하는지 알아내야만 했다.

나는 아저씨만 믿고 있을 수 없어 직접 하늘을 관찰하기로 하였다. 바다의 물이 계속 물로 남아 있지 않는 것처럼 하늘로 올라간 수증기도 분명 계속 수증기로 남아 있지는 않을 것이다.

아저씨는 거의 탈출을 포기한 듯 배를 채울 과일을 따러 갔다. 하지만 나는 해가 저물 때까지 하늘에 어떤 변화가 없는지 살펴보았다. 아저씨의 말대로 하늘에는 보라색의 그 어떠한 것도 보이지 않았다. 그저 변한 것이라고는 저 멀리에서 보이던 먹구름이 하늘을 완전히 뒤덮어 비가 내릴 것만 같다는 사실이었다.

해가 저물자 예상대로 빗방울 하나가 내 볼에 떨어졌다. 나는 하늘을 올려다보며 손을 내밀었다. 그리고 손바닥에 떨어지는 빗방울을 보고 생각에 잠겼다.

'이 비는 도대체 어디서 오는 걸까?'

손바닥에 떨어진 빗방울을 보자 어떻게 하늘에서 물이 떨어지는지 궁금해졌다.

"하늘 어딘가에 물동이라도 있는 건가? 올라간 건 수증기인데……."

나는 혼잣말로 중얼거렸다.

'아! 수증기! 수증기 역시 물의 다른 모습이지?'

나는 수증기가 다시 물이 되어 비가 내리는 것이라면 기체가 되어 올라간 보라색 물풀도 물의 상태 변화에 따라 비로 내릴 것이라는

생각이 들었다.

나는 아저씨에게 달려갔다. 아저씨는 무인도에서 살 작정이라도 한 듯 바나나 잎을 모아 잠자리를 만들고 있었다.

"아저씨, 혹시 하늘로 올라간 수증기가 물로 변해서 비로 떨어지는 것 아닐까요?"

나는 틀릴지도 몰라 조심히 말했다.

"응? 무슨 소리야. 수증기가 물로 변하려면 기온이 낮아져야 하는데, 하늘은 태양과 가까이 있으니까 우리가 있는 곳보다 훨씬 더울 거라고.”

하늘이 더 덥다는 아저씨의 말에 요트 여행을 올 때 엄마와 비행기에서 했던 이야기가 떠올랐다. 비행기 창문 밖으로 구름이 보였을 때였다.

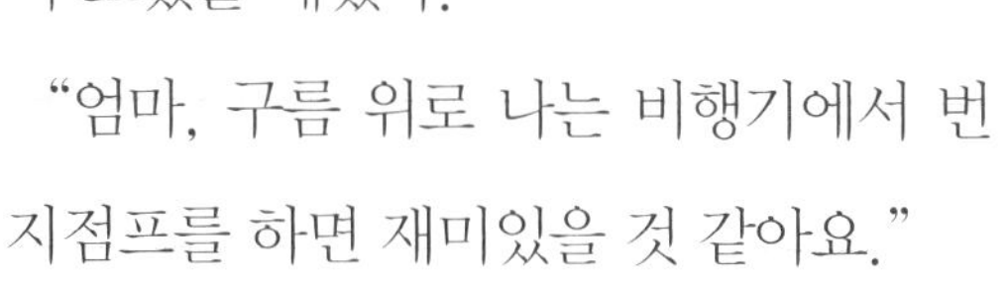

“엄마, 구름 위로 나는 비행기에서 번지점프를 하면 재미있을 것 같아요.”

하고 말하자 엄마는

“넌 추운 건 질색이잖아. 아마 추워서 못할걸.”

하면서 놀려댔었다.

“아니에요. 분명 엄마가 말씀하시길 태양과 아주 가까우면 모를까 하늘로 올라갈수록 춥다고 하셨어요. 아! 맞아요. 높은 산에 올라가면 여름에도 춥잖아요. 아주 높은 산에는 눈도 남아 있고요.”

아저씨는 내 말에서 뭔가 떠올리려는 듯 표정을 찡그렸다.

“네 말대로 높이가 높아질수록 온도가 내려간다면, 흩어져 있던 물 분자는 다시 모이고 물방울이 되겠구나. 그리고 그게 비로 내린다면 다 들어맞아!”

아저씨는 일순간 표정이 환해지더니 나를 꼭 껴안았다.

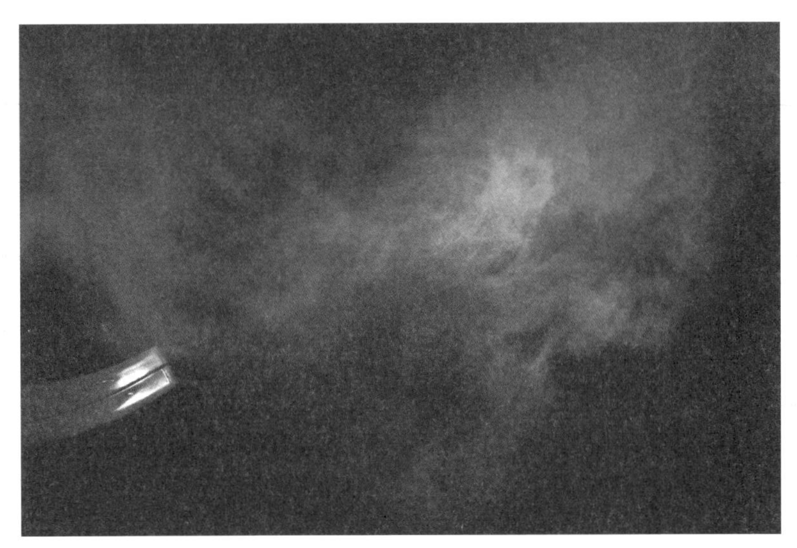

수증기와 김

“잘했어! 네 말이 맞다면 우리가 잃어버린 보라색 물풀도 분명 비와 함께 내려올 거야!”

난 아저씨의 칭찬에 부끄러워졌다. 아저씨는 나를 품에서 놓아주며 손바닥으로 내 머리를 쓰다듬었다.

“그런데 좀 걸리는 게 있어요. 비는 구름에서 내리는 거잖아요. 또 수증기는 보이지 않는다면서요. 그럼 구름과 수증기는 전혀 다른 것이니까 비는 수증기가 변해서 내리는 게 아닐 수도 있지 않을까요?”

“아냐, 내가 했던 말 생각나니? 물을 끓일 때 올라오던 김은 기체가 아니라 액체라고 했던 말."

"네, 다음에 알려 주겠다고 하신 거 말이죠?"

나는 호기심이 발동하여 아저씨 앞으로 바짝 다가앉았다.

"그래, 지금 설명해 주마. 김이 액체라는 건, 김 역시 작은 물방울이 모인 것이기 때문이지. 눈에 보이지도 않을 만큼 아주 작은 물방울들이 무리를 지어 우리 눈에는 흰 김으로 보이는 거야. 그 작은 물방울이 모여 큰 물방울이 되면 우리 눈에도 보이는, 말 그대로 물방울이 되는 거지."

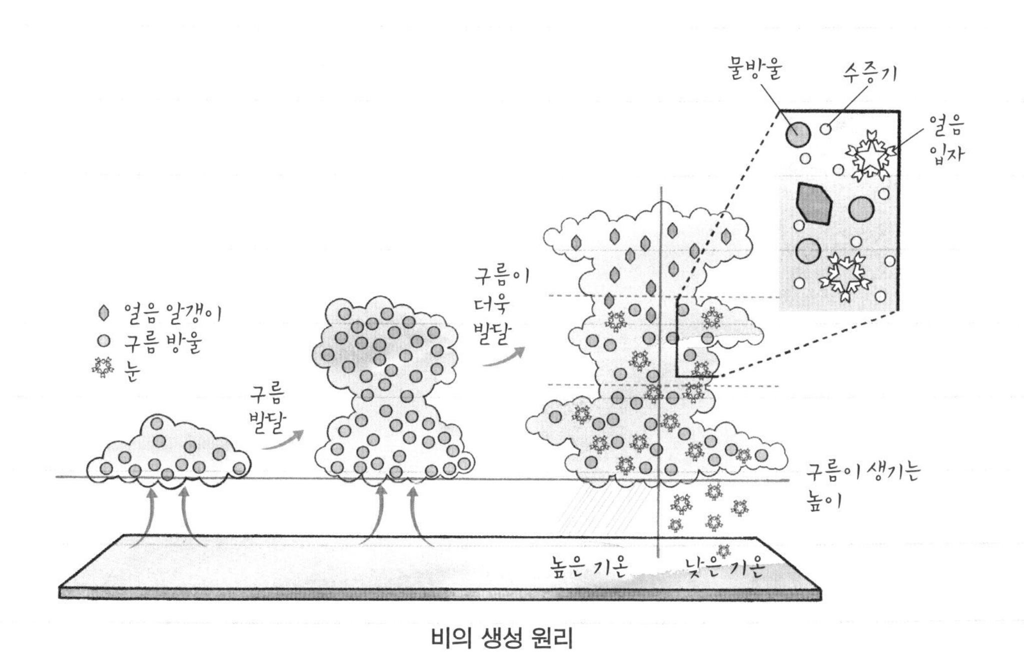

비의 생성 원리

"우와! 신기하네요. 그런데 그게 구름이랑 상관이 있는 건가요?"

"물론이지. **물을 끓일 때 김이 생기는 이유는 물이 기체로 변한 수증기가 하늘로 올라가다 찬 공기를 만나 다시 물로 변하기 때문이야.** 그리고 하늘 위가 춥다면 하늘로 올라간 수증기 역시 낮은 기온 때문에 작은 물방울들로 변해 하얀 구름을 이루는 거지. 그리고 우리가 구름이라고 부르는 작은 물방울들이 모여 큰 물방울이 되면 무거워서 비가 되어 떨어지는 것이고. 겨울엔 이 물방울들이 얼어 눈으로 떨어지는 거지! 이제야 모든 것이 완벽하게 설명이 되는구나."

"와! 그럼 제 얘기가 맞은 거네요. 그냥 생각만 해 본 건데."

"크하하, 꼬맹아. 모든 건 생각에서 시작하는 거야. 아주 잘했어."

아저씨는 다시 한 번 내 머리를 헝클어뜨리며 웃었다.

나는 칭찬을 받아서도 기분이 좋았지만 내가 무언가 해냈다는 사실이 너무 기뻤다. 육지의 냇가에서 강으로, 강에서 바다로 나간 물이 다시 돌아와 냇가와 강을 이루는 방법을 스스로의 힘으로 찾은 것이었다.

비가 오면 보라색 물풀을 다시 찾을 수 있다는 사실에 아저씨는 숲에서 따 온 과일들로 조촐한 파티를 벌였다.

잠시 후 아저씨는 나를 보며 좋은 소식을 알려 주었다.

"운이 좋으면 오늘 밤 내리는 비에 보라색 물풀이 함께 흘러내릴 거다. 비가 내리면 기온도 내려가니까 보라색 물풀이 비와 함께 내리지 않아도 분명 어딘가에 액체로 변해 있을 거야. 온통 초록색인 숲에서 보라색은 금방 찾을 수 있을 테고 말이야."

"그럼, 곧 이 섬을 나갈 수 있는 건가요?"

"그래, 뗏목만 완성되면 말이다."

"거의 다 만들었어요."

나는 무사히 무인도를 빠져나가 엄마를 만나는 행복한 꿈을 꾸며 밤을 보냈다.

분자 마법 퀴즈 2

그릇에 담아놓은 물이 줄어드는 것은 어떤 현상 때문인가요?

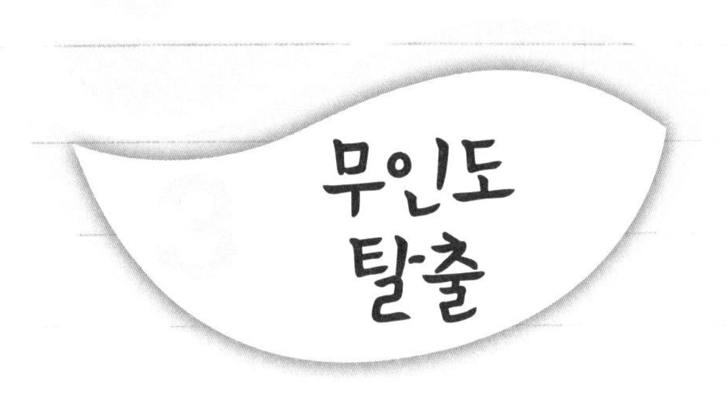

그러나 저녁 때 한두 방울 빗방울이 떨어지다 말았을 뿐 아침이 되니 하늘엔 구름 한 점 없었다. 그리고 그 다음 날 역시 비가 내릴 기미가 보이지 않았다.

아저씨도 비가 내리지 않자 조바심이 나는지, 뗏목을 완성하는 일을 잠시 중단하고는 하루 종일 하늘만 올려다보았다.

"이런, 통 비가 올 생각을 안 하니……."

나 역시 말은 안 하고 있었지만 오랫동안 비가 안 올까 봐 불안해졌다. 결국 나는 불안함을 이기지 못하고 아저씨에게 다가갔다.

"아저씨, 계속 비를 기다릴……."

"꼬맹아, 안 되겠다! 이대로라면 언제 비가 내릴지 모르겠어. 우

리가 비를 만들자."

아저씨는 마치 기다렸다는 듯이 내가 다가가자마자 참고 있던 말을 쏟아냈다.

"네? 비를 만들어요?"

"그래, 기온이 내려가면 수증기는 물이 될 테니까."

"그렇지만 하늘에 있는 수증기를 차갑게 만들 수는 없잖아요."

"수증기는 하늘에만 있는 게 아냐. 우리 주변 어디에나 수증기는 있어. 바로 네 옆에 기체로 변한 보라색 물풀이 있을지도 모르지. 그러니 손도 닿지 않는 하늘 위의 수증기가 차가워져 비가 오기만을 기다릴 것이 아니라 우리가 있는 이 곳의 수증기를 차갑게 해서 물로 만드는 거야."

아저씨는 자신 있다는 표정으로 내게 말했다.

"그렇지만 여긴 굉장히 덥잖아요. 마술을 부리지 않는 이상 온도를 낮추기 힘들걸요."

아저씨의 생각이 틀렸다고 말하는 것은 아니었다. 하지만 분명 현실적으로 힘든 일이었기에 아저씨의 말에 동의할 수 없었다.

"꼬맹아, 내가 왜 나무 그늘에서 잠을 자는지 아냐?"

"그거야, 시원하니까 그렇겠죠. 아! 그늘을 이용하시려는 건가요?"

"그래, 그늘. 하지만 그늘만으로는 온도가 많이 내려가지 않지. 그늘이 시원한 이유는 햇빛을 막아 주기 때문이잖아. 그러니까 우리는 햇빛이 완벽하게 들어오지 못하게 땅을 파서 시원한 공간을 만들 거야. 그러면 땅과 가까운 곳에 있는 수증기가 시원한 땅 안쪽에 달라붙어 물이 되겠지. 우리는 기체가 된 보라색 물풀이 그곳에서 다시 물풀 형태로 변해 있길 기다리면 되는 거야."

"오! 그럴싸하네요. 그렇게 하면 정말 보라색 물풀을 다시 찾을

수 있을 것 같아요."

아저씨의 말대로 우리는 나무가 우거져 어두컴컴한 숲 속으로 들어갔다. 그리고 주변의 나뭇가지와 돌로 땅을 파기 시작했다. 땅이 질고 단단하지 않아 쉽게 팔 수 있었지만, 생각보다 구덩이 안쪽이 시원하진 않았다. 밀림이라 밤이 되어도 주위가 후덥지근해서인지 내 팔 길이만큼의 깊이로 구덩이를 팠어도 구덩이 안쪽이 약간 시원하다는 느낌을 받을 뿐이었다. 이 실망스러운 사실에 나보다 먼저 포기한 쪽은 아저씨였다.

"으, 도저히 안 되겠어. 이렇게 파내도 시원하지 않다니……. 다른 방법을 생각해야겠다."

"하지만 혹시 모르잖아요. 더 파 보면 분명 온도가 내려갈 거예요."

"난 도저히 못하겠다. 이건 너무 힘들어."

아저씨는 땀으로 흥건하게 젖은 옷을 벗어 비틀어 짰다. 그러자 마치 빨래에서 물이 나오듯 땀이 나왔다.

"난 다른 방법을 생각해 봐야겠다. 여기서 계속 땅만 파다가는 쓰러지고 말 거야."

그렇게 말한 아저씨는 바닷가로 다시 돌아갔다.

아저씨가 돌아가자 체력이 바닥난 나 역시 포기하고 싶은 마음이 간절해졌다. 그러나 나마저 포기해 버리면 남은 방법은 비를 계속 기다리는 것뿐이었고, 결국 무인도에 있어야 할 시간은 늘어날 수밖에 없었다. 나는 풀어진 마음을 다잡고 이마에 맺힌 땀을 닦으며 계속 땅을 파내려갔다.

어느덧 하늘 높이 떠 있던 해는 서쪽으로 넘어가 있었다. 내 가슴 높이만큼 땅을 팠지만, 파면 팔수록 시원해지기는커녕 오히려 점점 따뜻해지는 것 같았다. 나는 구덩이에서 나와 근처 바위에 몸을 기대고 앉았다.

"정말 기다려야만 하는 건가……."

나는 이 방법으로는 수증기를 물로 만들 수 없음을 깨달았다.

나는 한숨을 쉬면서 바위에 눕듯이 몸을 기댔다. 그런데 바위는 이상하리만큼 시원했다. 그리고 바위 쪽에서 시원한 바람이 불어오는 느낌이 들었다.

"어, 이상하다? 바람이 불 만한 곳이 없는데."

나는 이상함을 느끼고 내가 기대고 있던 바위를 살펴보았다. 바위는 커다란 언덕 아래에 박힌 꼴이었는데, 바람은 언덕과 바위 사이에서 새어 나오고 있었다. 바람이 나오는 곳을 자세히 살펴보자 바위 뒤로 공간이 보였다. 언덕 안쪽으로 동굴이 있는 모양이었다.

나는 그 안을 보기 위해 동굴 입구를 가로막은 바위를 있는 힘껏 밀었다. 그러나 내 힘으로는 꼼짝도 하지 않았다. 하는 수 없이 아저씨에게 달려가 도움을 청했다. 아저씨도 시원한 바람이 나오는 것을 보고 나를 도와 있는 힘껏 바위를 밀었다.

아저씨의 힘까지 보태자 커다란 바위가 조금씩 밀리더니 바위 뒤의 공간이 모습을 드러내기 시작했다. 그 바위 뒤에는 아래로 깊숙이 뚫린 동굴이 있었다. 끝이 보이지 않는 그 안쪽에서 물방울 떨어지는 소리와 함께 시원한 공기가 올라왔다. 마치 더운 여름에 냉장고를 연 기분이었다.

"와, 이런 곳이 있었다니."

아저씨는 놀란 듯 눈과 입이 커졌다.

"저 이런 곳을 텔레비전에서 본 적이 있어요. '풍혈(바람 구멍)'이라고 더운 여름에도 시원한 바람이 나와 얼음이 얼기도 한대요."

빙계 계곡 풍혈

"뭐? 얼음이?"

"네……. 그럼 혹시?"

"그럼 혹시!"

얼음이 어는 곳을 발견한 우리는 똑같은 말을 동시에 외쳤다.

"기체가 된 보라색 물풀이 이곳에서 얼어붙지 않을까?"

우리는 기쁨에 어쩔 줄 몰라 하며 서로 손을 맞잡고 방방 뛰었다. 그리고 나무 그늘보다 훨씬 시원한 동굴 안에 자리를 잡고 편안한 밤을 보냈다.

다음 날이 밝았다. 나는 일어나자마자 기도하는 마음으로 동굴 안 곳곳을 살폈다.

'제발 보라색 물풀이 있기를…….'

그때 거짓말처럼 내 눈 앞에 보라색 액체가 묻어 있는 ★ 종유석이 나타났다.

★ 종유석
종유굴(지하수가 석회암 지대를 녹여 생긴 동굴)의 천장에 고드름같이 달려 있는 석회석

"아저씨! 물풀이에요! 드디어 항해할 수 있겠어요!"

내 외침을 들은 아저씨는 곧바로 달려왔다.

"하지만 이 정도 양으로는 항해하기 힘들 거야. 뗏목을 완성시킬 때까지 얼마나 모일지 지켜보자."

아저씨는 트렁크에서 삼각 플라스크를 꺼내 와 종유석에 붙은 보

라색 물풀을 조심스럽게 모아 담았다.

나는 아저씨 말대로 우선 뗏목을 완성하는 것을 목표로 하고, 바닷가로 나갔다. 바닷가 한쪽에는 바다에서 휩쓸려온 해초와 쓰레기, 나뭇조각들이 섞여 있었다. 나는 뗏목을 완성하는 데 쓸 만한 재료가 있는지 살펴보았다. 그러던 중 그 속에서 뭔가 반짝이는 것을 발견하였다.

"응? 이게 뭐지?"

나는 그것을 있는 힘껏 잡아당겼다.

그것은 잡기 좋은 두께의 나무 봉에 한 번도 본 적이 없는 보석이

박혀 있는 물건이었다. 언뜻 봐서는 꼭 마법의 지팡이 같았지만, 거센 파도에 휩쓸리면서 부러졌는지 길이가 짧고 흠집이 많이 나 있었다. 뗏목을 만드는 데는 쓸 수 없을 것 같았지만 불을 피울 때 장작으로 사용하기 위해 가져가기로 했다.

나는 필요한 나무들과 함께 우리가 자리 잡고 있는 해안까지 끌고 갔다.

"아저씨, 나무 갖고 왔어요."

나는 쓰러지듯이 모래 바닥에 앉았다.

"그래, 수고했구나. 그런데 저 반짝이는 건 뭐냐?"

내가 발견한 지팡이를 본 모양인지 아저씨는 내가 끌고 온 나뭇더미를 뒤적였다.

"섬 뒤쪽 바닷가에서 발견한 건데, 장작으로 쓰려고 가지고 왔어요."

내가 말하는 동안 아저씨는 그것을 꺼내 쥐었다.

"꼬맹아, 이…… 이게 바로 내 마법 지팡이야! 부러지긴 했다만……."

아저씨는 커진 눈으로 지팡이를 이리저리 살피며 마치 어린아이처럼 즐거워했다.

"에이, 아저씨. 마법이 어디 있어요?"

그러자 아저씨는 지팡이를 한 번 휘두른 후 불을 피우기 위해 모아 놓은 나뭇가지를 가리켰다. 그러자 나무 봉에 박힌 보석이 빛나

더니 놀랍게도 나뭇가지 사이에서 불이 피어올랐다.

"자, 이래도 마법이 없다고 할 테냐, 꼬맹아?"

아저씨는 능글맞은 표정으로 내게 물었다.

그 광경을 본 나는 마법이 있다는 아저씨의 말을 부정할 수 없었다. 정말 마법 같은 일이었다.

"이제 절 집에 보내 주실 수 있는 거예요? 마법 지팡이만 있으면 가능하다고 하셨잖아요."

나는 신이 나서 물었다.

하지만 나와 반대로 아저씨는 풀이 죽었다.

"미안하지만 반 토막으로는 안 된다. 사람을 다른 공간으로 옮기는 건 나뭇가지에 불을 피우는 것과는 비교도 되지 않는 마법이라고."

나는 그 말에 크게 실망하여 울음을 터뜨리고 말았다.

"꼬맹아, 그래도 나머지 반쪽만 찾으면 집에 보내 줄 수 있으니 걱정 말아라. 부러진 지팡이가 가까워지면 서로 반응하니까 금방 찾을 수 있을 거야."

아저씨의 위로에도 불구하고 한번 터진 울음은 쉽게 멈추지 않았다.

"아! 더 좋은 소식이 있어. 항해할 수 있을 만큼의 보라색 물풀이 모였어. 드디어 이 섬을 나갈 수 있다고!"

"네? 정말요? 드디어 엄마를 다시 만날 수 있는 거예요?"

"아니, 우선 내 마법 지팡이를 찾아야 해. 뗏목이 있다고 해도, 방향도 모른 채 항해를 하다가는 바다에서 굶어 죽고 말 거야. 차라리 나머지 마법 지팡이가 있는 곳으로 가서 마법으로 널 되돌려 보내는 게 빠를 거다."

당장 뗏목을 타고 엄마가 있는 곳으로 돌아가고 싶었지만 아저씨의 말이 맞았다. 무턱대고 바다에 나가 헤맨다면 둘 다 굶어 죽고 말 것이다. 나는 하는 수 없이 아저씨의 말에 따랐다.

다음 날 아침 뗏목을 완성시킨 우리는 보라색 물풀을 뗏목의 바닥에 바른 후 마법 지팡이가 반응하는 바다를 향해 나아갔다.

분자 마법 퀴즈 3

보라색 물풀을 뗏목 바닥에 바른 이유는 무엇인가요?

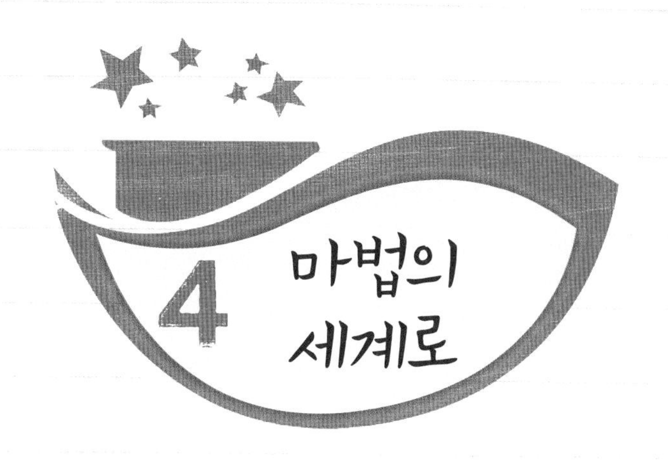

아침에 출발한 우리는 해가 머리 꼭대기에 올라설 때까지 아저씨의 마법 지팡이가 반응하는 쪽으로 계속 흘러갔다. 이해조차 되지 않는 마법 지팡이를 찾기 위해 가는 여정이 얼마나 길어질지 두려웠다. 나는 지나는 배가 있으면 바로 구조 신호를 보내기 위해 눈을 부릅뜨고 주위를 살폈다. 그러나 배는커녕 섬도 없고 파란 바다만이 계속 펼쳐질 뿐이었다.

날이 저물어 가자 하루 종일 신경을 곤두세우고 있었던 나는 무거워진 눈꺼풀의 무게를 이기지 못하고 잠이 들었다.

얼마나 시간이 흘렀을까……. 뗏목이 심하게 흔들려 잠이 깬 나는 주위를 둘러보았다. 주위는 온통 희뿌연 안개로 뒤덮여 있었다.

"여기가 어디예요. 아저씨?"

나는 눈을 비비며 일어나 물었다.

"아무래도 마법의 세계에 온 것 같다. 꼬맹아."

"네? 마법의 세계요?"

"마법 지팡이가 서로 끌어당기는 힘에 이끌려 여기까지 온 것 같아. 아마 이곳에 나머지 반쪽이 있는 모양이야."

아저씨의 말이 끝나기 무섭게 안개 저 끝에서 하얀 빛이 새어 나오기 시작했다. 그리고 처음 보는 건물들이 줄지어 서 있는 항구가

모습을 드러냈다.

우리는 뗏목을 항구 구석에 매어 두고 근처에 있는 시장으로 들어섰다. 그곳에는 날아다니는 사슴이 물건들을 옮기고 있었고, 아저씨가 만들던 보라색 물풀과 비슷한 것들을 파는 가게, 온갖 색깔의 유리구슬 가게, 움직이는 장난감들이 가득한 가게 등 신기한 가게들이 줄지어 있었다.

아저씨는 마법 지팡이가 반응하는 쪽으로 걸어갔다. 나는 처음 보는 물건들에 넋을 잃고 시장 곳곳을 살피느라 바빴지만, 그 와중에도 행여나 아저씨를 잃어버릴까 옷깃을 꼭 붙잡는 건 잊지 않았다.

시장에는 마법 지팡이를 파는 곳으로 보이는 가게도 있었다.

"아저씨, 그냥 새 지팡이를 하나 사는 건 어때요?"

내가 아저씨의 옷깃을 잡아당기며 말하자 아저씨는 발걸음을 잠시 멈추고 날 돌아보았다.

"그럴 수만 있다면 얼마나 좋겠냐? 그런데 이 세상을 다 뒤져도 내 지팡이보다 좋은 지팡이는 없을걸? 널 집으로 보내 줄 마법도 내 지팡이로만 가능하단다."

말을 마친 아저씨는 바로 몸을 돌려 가던 길을 재촉했다. 나는 신기한 물건들에 한눈을 팔면서 걷다가 갑자기 아저씨가 멈춰 서자 아저씨의 등에 얼굴을 부딪치고 말았다.

"아이코, 왜 갑자기 멈추세요?"

"이곳이다. 이곳에 내 지팡이의 반쪽이 있는 게 확실해! 지팡이가 강하게 반응하고 있어."

나와 아저씨가 멈춰선 곳은 시장 골목 구석에 있는 허름한 가게였다. 아저씨는 삐걱거리는 문을 열고 가게 안으로 들어섰다.

가게의 내부는 생각보다 정돈되어 있었지만, 오

래 된 골동품들이 가게를 메우고 있어 깨끗한 느낌은 들지 않았다.

"어서 오세요, 손님. 찾으시는 물건이 있나요?"

가게의 주인인 듯 보이는 할아버지가 말했다. 아저씨는 그 말에 답하지 않고 주인 할아버지가 서 있는 카운터의 뒤쪽 벽을 가리켰다.

"찾았다! 바로 저거야!"

나도 아저씨가 가리키는 곳을 바라보았다. 그곳에는 부러진 나무 지팡이가 걸려 있었다.

"아, 저거요? 며칠 전 바다에서 건진 거죠. 꽤 괜찮은 지팡이였던 것 같던데. 100금만 주쇼. 돈이 없다면 바다의 보석 하나도 되고."

"뭐요? 저건 원래 내 거요. 잃어버린 물건을 맡아 준 건 고맙소만, 이제 돌려주시오."

아저씨는 할아버지의 말에 인상을 쓰며 말했다.

"허 참, 저 지팡이가 당신 거라는 증거가 어디 있소? 상점에서 값도 치르지 않고 물건을 가져가려 하다니! 항구 경비대를 부르기 전에 썩 나가는 게 좋을 거요."

"나한테 저 지팡이의 나머지 반이 있소! 부러진 곳을 대 보면 될 것 아니오?"

아저씨는 자신의 부러진 지팡이를 들이밀며 말했다.

"흥, 저 물건을 노리고 어디서 가짜를 만들어 온 것일지도 모르지. 그리고 저 지팡이를 주운 순간 이미 내 물건이오. 돈이 없으면 썩 나가시오!"

"이런 말도 안 되는……."

아저씨와 할아버지가 실랑이를 벌이던 중 갑작스러운 소란에 항구 경비대가 달려왔다. 그리고 나와 아저씨는 경비대에 이끌려 뗏목을 매어 둔 항구로 내팽겨쳐졌다.

"이제 어쩌죠. 돈을 내고 지팡이를 사야 할 것 같아요."

"하! 그럴 순 없지. 100금은 말도 안 되게 비싼 가격이라고! 그 정

도의 돈도 없을뿐더러 내 물건을 돈을 주고 사다니 있을 수 없는 일이야."

아저씨는 돈주머니를 짤랑거리며 말했다.

"하지만 그냥 달라고 해서는 절대 주지 않을 거 같던데요?"

"아 그래, 바다의 보석!"

"바다의 보석이오?"

무슨 생각이 떠올랐는지 아저씨는 음흉한 미소를 지으며 돌 하나를 집어 들더니 바닥에 그림을 그리며 바다의 보석에 대해 설명하기 시작했다.

"바다의 보석이란 바닷물에 뜨지도 가라앉지도 않는 붉은 보석인데, 희소성 때문에 종종 화폐 대신으로도 사용하지. 보통 투명한 물이 가득 찬 비커와 비슷한 병 안에 보석을 넣어 판단다."

아저씨의 미소가 짙어졌다.

"서……설마 그 보석을 훔치시려는 건 아니죠?"

나는 불안한 마음에 물었다.

"꼬맹아, 내가 도둑질이나 할 것처럼 생겼냐?"

나는 아저씨의 말에 안심했다. 하지만 아저씨의 다음 말은 나를 놀라게 했다.

"바다의 보석을 만들어 내야지!"

아저씨는 자신 있는 몸짓으로 트렁크에서 비커를 꺼냈다.

"자! 위조를 시작해 보자꾸나."

나는 위조 같은 나쁜 짓에는 가담하고 싶지 않았다. 하지만 이것만 성공하면 엄마를 다시 볼 수 있다는 생각에 할 수 없이 아저씨를 도울 수밖에 없었다.

"그런데 아저씨, 비슷한 비커는 있어도 어떻게 붉은 구슬을 물 가운데에 띄우죠?"

"구슬을 공중에 띄우는 마법은

아주 쉽다고!"

아저씨는 시장에서 붉은 구슬과 비커를 덮을 수 있는 뚜껑을 사왔다. 그리고 비커에 바닷물을 가득 담고 구슬을 넣었다. 비커 바닥에 가라앉은 구슬은 이내 아저씨의 마법에 걸려 비커 가운데에 띄워졌다.

아저씨는 그 가짜 바다의 보석이 들어 있는 비커에 뚜껑을 덮어 시장의 골동품 가게로 갔다. 그리고 얼마 지나지 않아 아저씨는 오른쪽 눈에 멍 자국을 가지고 돌아왔다.

"아무래도 마법을 감지하는 모양이야. 다른 방법을 써야겠다."

하지만 아저씨는 다른 방법이 떠오르지 않는지 한 손으로 턱을 괴고 생각에 잠겼다. 나도 방법을 생각하면서 바다를 멍하게 쳐다보았다. 바닷물에는 나뭇잎 하나가 유유히 떠 가고 있었다. 그때 갑자기 좋은 생각이 떠올랐다.

"아! 아저씨, 물을 반만 채워서 띄워 보는 건 어때요?"

"뭐? 물을 반만?"

"네! 물에 뜨는 붉은 구슬을 사서 물을 반만 채운 비커에 넣으면 비커 가운데에 둥둥 떠 있는 것처럼 보이잖아요!"

"흐음, 어떻게 될지는 잘 모르겠지만 일단 해 보자."

아저씨는 다시 시장으로 가 붉은 구슬 하나를 사 왔다. 나는 비커에 바닷물을 반쯤 담고 아저씨가 사 온 붉은 구슬을 띄웠다.

"자, 어때요?"

나는 내가 만든 가짜 바다의 보석을 아저씨에게 보여 주면서 말했다.

"음, 이상해. 물을 반만 채우니까 구슬이 물 위에 떠 있는 게 다

보여. 그리고 결정적으로 물이 출렁일 때마다 구슬이 움직이고 말이야."

아저씨는 머리를 가로저으며 말했다.

"음, 그럼 물의 중간까지만 가라앉는 구슬은 없을까요?"

"그런 게 있으면 고민도 안 했지. 이런 구슬과 같은 고체는 물보다 ⊛ 밀도가 크거나 작거든."

"밀도요? 밀도라는 게 물에 뜨고 가라앉는 것과 상관있는 건가요?"

내가 물었다.

"그래, 아주 밀접하지. **물보다 밀도가 작으면 물에 뜨고, 밀도가 크면 가라앉아.**"

> ⊛ **밀도**
> 전체 질량을 전체 부피로 나눈 값. 같은 질량에서 밀도가 클수록 부피는 작아진다.

"아! 그럼 무게와 비슷한 거네요? 나뭇잎은 가벼우니까 물에 뜨고, 돌멩이는 무거우니까 물에 가라앉잖아요."

내 말에 아저씨는 잠시 생각하는 표정을 지었다.

"흠, 완전히 상관이 없다고는 할 수 없겠구나. 하지만 약간 달라. 꼬맹아, 너 현무암이란 돌을 아냐?"

"네! 무인도 해안가에서 봤잖아요. 구멍이 송송 뚫린 검은 돌 맞죠?"

"그래, 알고 있구나. 그러면 그 돌이 물에 뜨는 것도 알고 있냐?"

"네? 돌이 물에 뜬다고요?"

나는 놀라 눈을 크게 뜨며 말했다.

"그래. 현무암 중에는 물에 넣어도 가라앉지 않고 뜨는 것이 있지."

"말도 안 돼요! 전에 한번 들어 보려고 한 적이 있는데 엄청 무거웠다고요! 절대 물에 뜰 리가 없어요."

"흠…… 그럼 철로 만들어진 배는 어떻게 물에 뜰까? 그것도 굉장히 무거울 텐데 말이야."

아저씨의 질문에 나는 말문이 막혔다. 엄마와 내가 타고 있던 요트는 꽤나 큰 배였다. 이곳저곳이 다 쇠로 만들어져 있었고, 10명이나 탔어도 그 배는 가라앉지 않았다.

"정말 그러네요. 어떻게 그렇게 무거운 게 뜰 수 있는 거예요? 무게로만 생각하면 말이 안 돼요."

"그래. 그래서 무게와 밀도라는 건 약간 차이가 있다고 말한 거야. **밀도라는 건 어떤 물체의 무게, 어려운**

말로 질량을 그 물건이 차지하는 공간, 즉 부피로 나눈 값이지. 현무암은 다른 돌들과 달리 구멍이 송송 뚫려 있어서 밀도가 작고, 배 같은 경우에는 밀도를 낮추기 위해 배의 밑 부분에 공기를 가득 채워 부피를 크게 만드는 거야."

"윽, 어렵네요."

아저씨의 긴 설명에도 나는 이해가 되지 않았다.

"그럼 예를 하나 들어 주마. 현무암의 무게가 100g인데 부피가 100mL라면, 현무암의 밀도는 1(g/mL)이 되는 거다. 무게 100g을 부피 100mL로 나누었으니 말이야."

$$\text{밀도} = \frac{\text{질량}}{\text{부피}} = \frac{100\text{g}}{100\text{mL}} = 1\ (\text{g/mL})$$

"아, 그럼 부피가 100mL로 같아도 무게가 200g이라면 밀도는 2(g/mL)가 되겠네요?"

"맞아. 반대로 무게는 100g인데 부피가 50mL일 때도 밀도는 2(g/mL)가 되는 거지."

아저씨는 제법이라는 표정을 지으며 말했다.

"그럼 무게가 무거워도 부피가 크면 밀도는 낮겠어요."

"그래, 맞아. 현무암이나 배가 그 예지."

"물보다 밀도가 낮으면 물에 뜨고, 밀도가 높으면 물에 가라앉는

다는 말이네요. 그럼 물과 밀도가 똑같은 구슬을 넣으면 바다의 보석처럼 물 가운데 떠 있을 수도 있을 텐데. 이런 구슬은 구하기 어렵다고 하셨죠?"

"아까도 말했잖냐, 꼬맹아. 물과 밀도가 같은 구슬이 있다면 이미 문제는 해결됐겠지. 물의 밀도는 보통 1이지만, 밀도가 1인 구슬은 찾기 어렵다고."

"그럼 결국 제자리네요."

나와 아저씨는 다시 한숨을 쉬며 각자의 생각에 빠져들었다.

"흠, 물의 밀도를 달라지게 할 수도 없고……."

나는 혼잣말을 했다.

"꼬맹아! 방금 뭐라고 했냐?"

아저씨가 갑자기 내 어깨를 잡으며 말했다.

"네? 물의 밀도를 바꿀 수 있으면 좋을 것 같다고 했어요."

"그래, 맞아! 내가 왜 그 생각을 못했지? 물의 밀도를 바꿔 버리면 되는 거야! 넌 천재야, 천재!"

"네? 그런 게 가능한 거예요? 마법으로 하는 건가요?"

"아니! 마법이 아니다. 알코올만 있으면 가능해!"

"알코올이라면 술을 말하는 거예요?"

아저씨는 내 대답을 듣지도 않고 시장으로 달려가 알코올과 가벼운 붉은 구슬을 사 왔다.

"자, 시작해 볼까?"

아저씨는 비커에 물을 담았다. 그리고 붉은 구슬을 넣자 구슬이 물 위에 둥둥 떴다. 아저씨는 알코올을 비커 안에 조금씩 부었다.

"지금은 양과 밀도를 정확히 측정할 기구가 없으니 섞으면서 맞춰 보자."

아저씨는 나에게 유리 막대를 건네주면서 용액이 완전히 서로 섞일 때까지 저으라고 하였다. 알코올을 조금씩 섞자 붉은 구슬이 조금씩 가라앉기 시작했다. 그리고 알코올을 물의 양만큼 섞었을 때쯤 거짓말처럼 붉은 구슬이 비커 중간까지 가라앉았다.

"아저씨! 됐어요! 구슬이 비커 중간에 왔다고요!"

나는 그 광경이 너무 신기하기도 하고, 문제 하나를 해결했다는 기쁨에 소리 높여 외쳤다.

"그런데, 아저씨. 물 위에 떴던 구슬이 어떻게 중간으로 가라앉을 수 있는 거죠?"

"그건 두 가지 액체가 섞이면서 밀도가 달라졌기 때문이지!"

"밀도가 달라져요?"

"그래, **밀도가 서로 다른 두 액체를 섞으면 두 액체와 밀도가 다른 새로운 액체가 만들어진단다.**"

"그럼, 물에 알코올을 넣었을 때 밀도가 변해서 붉은 구슬이 가라앉은 건가요?"

"물의 밀도가 1이란 건 아까 말했지? 그럼 알코올의 밀도는 어떨 것 같으냐, 꼬맹아?"

아저씨는 내게 어려운 문제를 내듯 질문했다.

"음…… 붉은 구슬이 물 위에 떠 있었던 건 물의 밀도인 1보다 밀도가 낮기 때문이었죠?"

내 말에 아저씨는 고개를 끄덕였다.

"그리고 알코올을 섞자 물보다 밀도가 낮았던 붉은 구슬이 점점 가라앉았어요. 그렇다면 알코올은 물의 밀도를 낮게 만들었다는 거니까, 물의 밀도인 1보다 낮을 거예요! 정확히는 모르겠지만요."

나는 웃으며 말했다.

"그래, 네 말대로 알코올의 밀도는 물의 1보다 낮은 0.8 정도 되지. 물과 알코올처럼 서로 밀도가 다른 두 물질을 같은 양으로 섞으면 두 밀도의 평균치로 밀도가 변한다. 흠…… 꼬맹아, 수학은 좀 하나? '평균'이란 말을 혹시 모르진 않겠지?"

아저씨는 얄미운 표정을 지으며 물었다.

"아, 당연히 알죠. **평균은 가장 중간이 되는 값이잖아요.** 물의 밀도 1과 알코올의 밀도 0.8의 평균을 구한다면, **물의 밀도(1)+알코올의 밀도(0.8)에 물과 알코올의 밀도라는 두 대상의 수, 즉 2를 나누면 되잖아요!**"

"흠, 생각보다 수학은 좀 하는 것 같구나."

평균!?

아저씨는 내가 정확히 설명하자, 놀란 것인지 헛기침을 하며 말했다.

"그래, 네 말대로 물과 알코올을 거의 같은 양으로 섞었으니까 물의 밀도인 1과 알코올의 밀도 0.8을 더해서 2로 나눈 수, 즉 0.9 정도로 밀도가 낮아졌을 거야. 물론 물과 알코올을 섞으면 부피가 조금 작아져 정확히 평균값이 되진 않지만 말야. 이때 붉은 구슬이 물의 중간에 가라앉았으니까 붉은 구슬의 밀도도 0.9 정도 되겠지."

"같은 양으로 섞어야 중간값이 된다는 건가요?"

"당연하지. 만약 밀도를 더 낮추고 싶으면 알코올을 더 많이 섞으면 될 것이고, 다시 밀도를 높이고 싶으면 물을 더 섞으면 되겠지."

"밀도도 변할 수 있다니, 신기하네요. 그럼 이제 지팡이를 되찾을 수 있는 거지요?"

나는 집에 돌아갈 수 있다는 생각에 우리가 가짜 바다의 보석을 이용해 지팡이를 찾으려는 것이 옳지 않은 짓이란 걸 완전히 잊었다. 심지어 이 방법을 생각한 아저씨가 멋져 보이기까지 했다.

"물론이지. 다시 그 골동품 가게로 가자!"

마법 없이 완벽하게 바다의 보석을 만들어냈다는 사실에 우리는 승패가 정해진 싸움에 나가는 용사처럼 당당하게 골동품 가게에 들어섰다. 우리를 다시 보자 주인 할아버지는 얼굴을 찌푸리며 쫓아낼 궁리를 하였다.

아저씨는 그런 할아버지 앞에 가짜 바다의 보석을 내밀었다.

"자, 여기 있습니다. 바다의 보석."

"또 가짜는 아니겠지?"

주인 할아버지는 쌀쌀맞게 물었다.

"가짜가 아니라는 데에 내 지팡이를 걸죠."

할아버지는 아저씨가 내민 가짜 바다의 보석을 찬찬히 살펴보고는 손바닥을 쫙 펴서 병에 대고 눈을 감았다. 저렇게 마법을 감지하는 모양이었다.

"오! 진짜 바다의 보석이로군."

"그럼 빨리 지팡이를 주시오."

아저씨는 재촉하듯 말했다. 그러나 할아버지는 아무 말 없이 지팡이가 걸려 있던 자신의 뒤쪽 벽을 손가락으로 가리켰다. 그곳은 텅 비어 있었다.

"흥, 내가 훔쳐 갈까 봐 어디에 숨겨 놓았나 보지? 어처구니가 없군. 값을 치를 물건도 가져왔으니 어서 지팡이를 주시오."

눈치가 빠른 나는 할아버지의 그 행동이 무슨 뜻인지 바로 알았차렸지만, 아저씨는 그렇지 않은 모양인지 할아버지에게 계속 독촉을 했다.

"조금만 빨리 오지 그랬소. 그 지팡이는 이미 다른 마법사가 사 갔소. 이 바다의 보석이라도 판다면 내 사리다."

그제야 아저씨는 상황 파악이 된 듯 표정이 굳어졌다. 그러고는 점점 눈썹의 양끝이 올라갔다.

"도대체 누구한테 팔았단 말이오!"

아저씨는 분을 참지 못했는지 앞에 놓인 책상을 손바닥으로 내리치며 소리쳤다. 나는 아저씨의 표정이 보이지 않았지만, 아주 무서운 표정을 짓고 있는지 아저씨를 보는 주인 할아버지의 얼굴이 새하얗게 질렸다.

"나…… 나도 잘은 모르오. 거…… 검은 후드를 뒤집어쓴 남자였는데. 마법 폐품을 모아 그 안의 마법을 추출하는 일을 한다고 했소……."

할아버지의 대답에 아저씨는 할아버지의 손에 들린 가짜 바다의 보석을 낚아채듯 뺏어 들고 가게 문을 활짝 열어젖혔다.

"여보시오! 그 보석은 안 파시오?"

할아버지는 바다의 보석을 꼭 손에 넣고 싶었는지 아저씨의 뒤에 대고 소리쳐 물었다.

"안 팔아요!"

아저씨는 대답과 동시에 뒤도 돌아보지 않고 가게를 나갔다.

"아저씨! 지팡이를 가져간 사람이 어디 있을 줄 알고 달리시는 거예요?"

가게를 뛰쳐나간 아저씨가 복잡한 시장의 골목길로 들어서자 내가 물었다.

"마법 폐품을 재활용하는 곳은 딱 한 군데밖에 없어."

아저씨는 숨이 차지도 않는지 쉬지 않고 달렸다. 나는 헉헉거리며 간신히 아저씨를 따라갔다.

다리에 힘이 완전히 빠질 무렵 아저씨는 온갖 금속 폐품들로 만들어진 거대한 건물 앞에 멈춰 섰다. 아저씨는 입구로 보이는 곳으로 들어갔다. 아저씨는 망설임 없이 엘리베이터처럼 보이는 공간으로 들어가 버튼을 눌렀다.

"어, 지팡이가 어디에 있는지 아시는 거예요?"

아저씨의 막힘없는 행동에 내가 물었다.

"언제나 문제 해결의 열쇠를 쥔 보스는 가장 위에 있는 법이지."

아저씨의 말이 끝남과 동시에 우리가 있는 공간의 벽면이 번쩍이더니 최상층으로 보이는 곳의 복도가 눈앞에 펼쳐졌다. 복도의 끝에는 호화로운 문이 하나 있었다. 딱 봐도 저곳이 우리의 목적지였다. 그 문을 열고 들어가자 정장을 입은 젊은 신사가 있었다.

"무슨 일이십니까?"

젊은 신사가 우리를 발견하고 말했다.

"이 지팡이와 마력의 파장이 비슷한 반쪽짜리 지팡이를 사 간 것이 당신이오? 만약 그렇다면 돌려주시오. 본래 내 것이오. 돌려주지 않는다면 값을 치르고 사겠소."

아저씨는 통성명도 하지 않고 자신의 반쪽 지팡이를 보이며 쏘아 붙였다.

"흠, 미안하지만 안 됩니다. 분명 그런 물건이 있지만, 이미 어떤 부자의 마법 수영장을 만드는 데 쓰기로 결정되어서요."

아저씨의 갑작스러운 제의에도 그는 당황하지 않고 차분하게 말을 이었다. 그에 반해 아저씨는 감정을 주체하지 못하고 얼굴이 붉어졌다. 분명 화가 폭발하기 직전의 모습이었다.

나는 이곳에서 말다툼을 하게 되면 쫓겨나 다시는 들어오지 못할 것 같아 아저씨가 말을 하기 전에 입을 떼었다.

"혹시 지팡이로 만든다는 마법 수영장이 어떤 것인가요?"

"수영을 못하는 사람도 물에 뜰 수 있는 수영장입니다."

이번에도 신사는 곧바로 대답하였다.

"만일 마법 지팡이 안의 마력을 쓰지 않고 그런 수영장을 만들어 드리면 그 지팡이를 저희에게 돌려주실 수 있나요?"

나는 공손하게 질문했다.

내 질문에 신사는 잠시 고민하는 표정을 짓더니 곧 그 제안을 받아들였다. 아저씨는 대체 내가 무슨 소리를 하는 것인지 궁금하다는 얼굴로 나를 쳐다보았다. 나는 아저씨에게 눈을 찡긋하는 것으로 자신이 있음을 표시했다.

신사는 우리를 곧 커다란 연구실로 안내했다. 그곳에는 물동이들이 내 키보다도 높이 쌓여 있었고, 안이 빈 커다란 나무 수영장이 있었다.

"기한은 오늘 자정까지입니다. 여기에 있는 물건만이 지원될 테니, 이것들로 약속 시간 내에 마법 수영장을 완성하지 못한다면 이 거래는 없던 걸로 하겠습니다."

신사는 그렇게 말하고 연구실을 나갔다.

신사가 나가자마자 아저씨는 다급하게 물었다.

"꼬맹아, 대체 무슨 생각으로 그런 말을 한 거야?"

"제가 마법을 쓰지 않고도 수영을 못하는 사람이 물에 뜰 수 있는 방법을 알고 있거든요."

"뭐? 그게 가능하단 말이야?"

아저씨는 놀랐는지 눈이 커졌다.

"제가 커서 여행을 가고 싶은 곳이 있어요. ★ 사해라는 곳인데, 그곳은 수영을 못하는 사람이 물에 들어가도 둥둥 떠서 물 위에 누워 신문을 볼 수도 있다고 해요."

★ **사해**
이스라엘과 요르단에 있는, 염분이 많은 호수. 염분이 너무 많아 생물이 살 수 없는 죽은 호수이다.

"인간 세상에 그런 곳이 있다고? 마법에 걸려 있는 건가?"

"아니에요. 저도 이유는 잘 모르지만 '소금' 때문에 몸이 떠오른다고 했어요."

나는 인터넷에서 본 내용을 아저씨에게 알려 주었다.

"뭐? 소금 때문이라고? 아, 이런, 내가 이미 한 번 쓴 수를 떠올리지 못했다니!"

아저씨는 스스로를 자책하듯 말했다.

"이미 한 번 쓴 수라니요?"

"꼬맹아, 바다의 보석을 만들 때 우리가 쓴 수가 있지 않느냐?"

아저씨는 나를 보며 말했다.

나는 아저씨의 말에 가짜 바다의 보석을 만들 때 쓴 방법이 무엇인지 다시 생각해 보았다. 물의 한가운데에 붉은 구슬을 떠 있게 하기 위해 물에 알코올을 섞어 물의 밀도를 낮췄었다. 그리고 사해와 비교하자 머리를 스치는 것이 있었다.

"밀도로군요!"

내가 외쳤다.

"그래, 바로 맞혔다. 물에 사람이 들어갔을 때 가라앉는 이유는 사람의 밀도가 물의 밀도인 1보다 높은 탓이지. 보통 수영을 못하는 사람은 물에 뜰 수 없어. 하지만 사해에서 수영을 못하는 사람이 물에 뜨는 것은 사해의 물에 소금이 잔뜩 섞여 물의 밀도가 사람의 밀도보다 더 높기 때문일 거야."

"물보다 밀도가 낮은 알코올을 섞어 밀도를 낮춘 것과 반대로 소금을 섞어 밀도를 높이면 되겠군요."

"그래. 원리도 알았겠다, 수영을 못해도 둥둥 뜰 수 있는 수영장을 한번 만들어 보자고!"

아저씨의 말에 우리는 일사분란하게 움직이기 시작했다.

자그마한 사해를 만들기 위해서는 먼저 빈 수영장 안에 물을 채워야 했다. 키가 큰 아저씨가 높이 쌓인 물동이들을 꺼내어 내게 건네면 나는 물동이를 굴려 수영장 곁으로 운반했다.

꽤 많은 양의 물동이를 수영장 근처로 옮긴 후 우리는 물동이의 물을 수영장에 부었다.

"아! 아저씨, 우리 중요한 사실을 잊고 있었어요! 소금이 없잖아요."

"크크크, 꼬맹아, 이 근처가 다 바다라는 것을 잊었냐?"

아저씨는 별 걱정을 다 한다는 표정으로 웃으며 말했다. 분명 바닷물 속에 있는 소금을 염두에 두고 말했으리라.

"뭘 생각하시는지는 알 것 같은데요. 바닷물을 끓여 소금만 남기기에는 시간이 부족해요."

내 말대로 벌써 해가 지고 달이 뜨기 직전이었다. 물을 수영장에 다 채우는 것도 시간이 많이 걸렸는데, 바닷물을 끌어와 일일이 끓여 소금을 만들기에는 시간이 너무 없었다. 그러나 아저씨는 내 말에 검지손가락을 좌우로 저었다.

"꼬맹아, 넌 내가 마법사라는 것을 잊은 게냐?"

"네?"

"마법 중에 가장 기초적인 것이 '분자 마법'이지. 그 마법만 이용하면 물을 순간적으로 수증기로 만들어 소금을 얻을 수 있다고."

말도 안 되는 일이라고 생각하였지만, 아저씨의 자신만만한 태도에 일단 믿어 보기로 했다.

"시간도 거의 다 되었으니, 여기서 물을 채우고 있거라. 나는 가서 소금을 갖고 오지."

난 아저씨를 믿고 수영장에 열심히 물을 채웠다. 그리고 수영장에 물을 거의 다 채울 때쯤, 아저씨는 어떻게 한 것인지 날개 달린 말이 끄는 마차에 한가득 소금을 실어 왔다.

"자, 이제 완성시켜 보자."

우리는 소금이 든 짐마차를 수영장 가까이에 대었다.

"시간이 없으니 한꺼번에 다 부어 버려요."

내가 말했다.

"그건 안 돼. 이 많은 소금이 한꺼번에 들어가면 물에 잘 안 녹을 거야."

아저씨가 날 말리며 말했다. 그리고 실어 온 소금의 3분의 1 정도를 물에 넣고 기다란 막대기로 수영장 안의 물을 저었다.

소금이 거의 다 녹자 날 보고 말했다.

"꼬맹아, 들어가 봐라."

"네?"

"너 수영 못하잖아. 사람이 물에 잘 뜨는지 확인해 봐야지."

아저씨의 말에 나는 당황했다. 그러나 어쩌겠는가. 하는 수 없이 윗도리를 벗어 놓고 수영장 안으로 들어갔다. 그러나 몸은 그대로 가라앉았다.

"아저씨, 뭔가 잘못된 것 같아요. 몸이 가라앉고 있어요."

나는 허우적거리며 말했다.

아저씨는 남은 소금의 반을 물에 넣었다. 물에 잠기는 느낌이 덜해지긴 했지만 완벽히 뜨지는 않았다.

그러자 이번에는 남아 있던 모든 소금을 넣었다. 그 결과 놀랍게도 점차 내 몸이 떠오르는 게 느껴지더니 몸에 힘을 빼자 완벽히 물 위에 누울 수 있었다.

"와! 이제 완벽히 몸이 떴어요! 정말 신기해요."

"아까 붉은 구슬을 가라앉힐 때 알코올의 양을 조금씩 늘려갔던 것 기억나지?"

"네. 그때 저울이 없어 정확히 잴 수 없으니 조금씩 섞어 가며 해 보자고 하셨잖아요."

"그래, 소금을 많이 섞을수록 소금물의 밀도가 높아진 거야."

"그래서 처음에는 제 몸이 물에 뜨지 않다가 소금물의 밀도가 높아지면서 점점 떠오른 거군요!"

내가 물 위에 누워 말했다.

"그래, 지금이야말로 지팡이를 되찾을 시간이다."

자정이 되자 약속대로 젊은 신사는 연구실에 모습을 드러냈다. 그리고 아저씨와 내가 만든 '수영을 못하는 사람도 물에 뜰 수 있게 하는 수영장'에 내가 떠 있는 것을 보고는 놀라워했다.

"오, 대단하군요. 솔직히 실패할 거라 생각했는데 말입니다. 혹시 방법이 무엇인지 알 수 있을까요?"

젊은 신사는 놀란 얼굴로 우릴 보며 물었다.

"비밀입니다."

아저씨는 단칼에 거절했다.

"이런, 아쉽군요. 여기 약속했던 지팡이입니다."

아저씨는 신사가 건넨 지팡이를 받아

얼마든지 집으로
보내주고말고.

들었다.

마법 폐기물 재활용 센터를 나온 나와 아저씨는 누가 먼저랄 거 없이 동시에 서로를 보며 기쁨의 환호성을 질렀다.

"야호! 이제 집에 갈 수 있는 거죠?"

"물론이지! 이제 부러진 지팡이만 다시 하나로 합치면 얼마든지 보내줄 수 있고말고. 하하하."

아저씨는 양손에 부러진 지팡이를 하나씩 들고 덩실덩실 춤을 추었다.

그러나 '행복 끝에 불행 시작'이라 했던가!

아저씨의 웃음이 멈추기도 전에 누군가 우릴 향해 달려오는가 싶더니 아저씨의 왼손에 들려 있던 지팡이 반쪽을 낚아채어 그대로 달아났다.

아저씨는 깜짝 놀라 주위를 둘러보았다. 검은색 옷을 입은 지팡이 도둑이 시장 쪽으로 달아나고 있었다. 아저씨는 곧 지팡이 도둑을 발견하고 쫓아갔다.

하지만 도둑이 얼마나 빠르던지 복잡한 시장 안에서 그만 놓쳐 버리고 말았다.

"이런, 다 차려진 밥상을 통째로 뺏기다니!"

아저씨는 머리를 쥐어뜯으며 그대로 주저앉았다.

그때 하늘에서 종이 한 장이 조용히 날아왔다. 그 종이는 마치 마법에 걸린 듯 내 손에 정확히 들어왔다.

"이게 뭐지?"

그 종이에는 다음과 같은 글이 적혀 있었다.

지팡이를 다시 찾고 싶다면
이틀 후에 있을 마법 대회의
우승 트로피를 갖고 와라!!

분자 마법 퀴즈 4

부피가 40cm^{3}인 어떤 고체 물질의 질량이 200g이라면
이 고체 물질의 밀도는 몇 g/cm^{3}인가요?

쪽지의 내용을 본 나와 아저씨는 잠시 말을 잊었다.

"누가 이런 짓을 한 걸까요?"

말문을 먼저 연 건 나였다.

"나도 모르겠다. 이런 짓을 할 녀석이라면 예전에 내 라이벌이라고 자칭하고 다니던 녀석이 하나 집히기는 하지만, 내가 인간 세상으로 공부를 떠난 이후에는 전혀 만난 적이 없어. 지금으로서는 우승 트로피를 손에 넣는 수밖에 없겠구나."

"그렇다면 그 마법 대회란 건 뭐죠?"

집에 갈 수 있으리란 희망이 또다시 좌절된 나는 허탈한 심정으로 한숨을 내쉬며 말했다.

"말 그대로 마법 실력을 겨루는 대회야. 벌써 이 대회를 할 때가 되었는지 몰랐는데."

"그런 거라면 아저씨가 나가면 되잖아요! 아저씨도 마법사니까 우승을 하면 지팡이 반쪽을 찾을 수 있잖아요."

나는 희망에 부풀어 이야기했다.

"그게…… 나도 그러고 싶지만 그럴 수가 없다. 꼬맹아."

"네? 왜요?"

"이 대회는 한 번 우승했던 사람은 다시 참가할 수 없어. 사실…… 내가 이 대회에서 우승한 적이 있거든."

아저씨는 웃으며 말했다. 그리고 잠시 하늘을 쳐다보더니 내 눈을 뚫어지게 쳐다보았다.

"하지만…… 너는 참가할 수 있지. 내 제자를 하기로 했었잖아?"

나는 아저씨의 말에 놀라 소리를 지를 뻔했다. 분명 내가 아저씨의 제자가 되겠다고 한 적은 있었지만, 그저 아저씨의 농담을 받아주었을 뿐이었다. 제대로 배운 건 없는, 그야말로 말뿐인 제자였다.

"저, 저는 마법을 배운 적도 없고, 그런 대회에 나가서 우승할 자신은 더더욱 없어요."

"마법이야 지금부터 배우면 되고, 배우다 보면 자신감이 붙겠지. 한 번 우승했던 적이 있는 대회니까 나만 믿으라고. 그럼 마법 대회에 접수를 하고 바로 수업을 시작할까?"

아저씨는 자신만만하게 말하며 항구 도시 가운데에 위치한 분수 공원으로 나를 데리고 갔다. 그곳에는 마법 대회에 참가 신청을 하려는 마법사들이 모여 있었다. 신청 접수를 기다리는 줄이 길지 않아 우리는 어렵지 않게 접수를 마치고 주변에 있는 공터로 갔다.

"이제 마법 지팡이를 휘두르며 주문을 외우기만 하면 되는 건가요? 영화 같은 걸 보면 지팡이로 빔 같은 걸 쏴서 서로를 공격하곤 하잖아요."

농담 반 진담 반으로 내가 말했다.

"마법은 영화에서처럼 그렇게 단순한 게 아냐. 그리고 이곳의 마법 대회는 단순히 마법을 서로 겨루는 것이 아니라 예선부터 본선

까지 각각 제시되는 미션을 통과해야 하지. 주어진 재료와 분자 마법만을 이용해서 말이다."

"분자 마법이라고요?"

생소한 단어에 나는 아저씨에게 되물었다.

"그래. 벌써 '분자'라는 말을 잊어버린 건 아니겠지?"

"네? 아, 그건 알아요. 저번에 알려 주셨잖아요. 물질을 이루는 가장 작은 알갱이인 원자가 모여서 이루어진 것으로, 새로운 성질을 갖는, 물질을 이루는 아주 작은 알갱이라고요."

바닷물에서 증류수를 얻을 때 들었던 내용이어서 자신 있게 대답했다.

"아니, 그렇게 수박 겉핥기식으로 말고 제대로 분자라는 걸 아느냐는 거야. 우리가 지금부터 배워야 하는 마법은 바로 이 분자를 이

용하는 분자 마법이니까."

"분자에 대한 것은 무인도에서 아저씨한테 들었던 내용밖에 모르지만, 거의 다 기억하고 있어요!"

내가 자신 있게 대답하자 아저씨는 실눈을 뜨고 나를 쳐다보았다. 마치 놀릴 준비를 하는 개구쟁이 같았다.

"흠, 그래? 그럼 왜 분자라는 것으로 이루어진 물질들이 서로 아주 다른 모습을 하고 있는지도 아는 거지?"

"음…… 아저씨가 원자의 종류나 수, 원자가 결합하는 방법 때문이라고 하셨잖아요. 서로 다른 원자가 다른 모양으로 결합하여 새로운 하나의 분자를 만든다고요. 물질을 이루는 분자가 다르니 물질 역시 서로 다른 것이겠죠. 흰색 모래로 이루어진 돌은 희고, 검은색 모래로 이루어진 돌은 검은 것처럼요."

나는 이미 알고 있는 내용이라 가볍게 대답했다.

"흠, 반만 알고 있구나."

"반만이라고요?"

아저씨는 발 밑에 있는 모래 더미에서 모래를 조금 집어서 손바닥에 올려놓았다.

"그래, 네 말대로 이 모래 더미 안에 있는 모래들이 수많은 색과 다양한 모양을 가진 것처럼 분자들도 성질이 다르고 형태도 다르지. 플라스틱과 물이 모두 분자로 이루어졌지만 서로 형태와 성질이 다른 것도 서로 다른 분자로 되어 있기 때문이야. 그러나 네가 물과 얼음, 수증기는 결국 같은 물질의 서로 다른 모습이라고 한 적이 있지? 같은 물질이라면 같은 분자로 이루어져 있을 텐데 어떻게 모습이 그토록 다를 수 있지?"

아저씨는 이번에는 내가 답을 맞추지 못할 거라고 생각하는 듯했다.

"아, 생각났어요! 분자 사이의 거리요!"

아저씨가 무인도에서 물과 수증기가 결국은 같은 것이라고 설명하면서 말해 줬던 것이 생각났다. **물과 수증기, 얼음은 같은 물 분자로 이루어져 있지만 분자 사이의 거리가 달라 형태가 다르다고 했었다.**

"크하하, 아직 잊지 않고 있었구나."

답을 정확히 맞추자 아저씨는 호탕하게 웃으며 말했다.

"그런데 그런 게 왜 중요한 거예요? 그런 건 마법도 아니고 큰 힘이 있는 것도 아니잖아요."

"아냐! 절대 그렇지 않아. 분자들의 움직임은 너무 미세해서 우리 눈으로 보기에는 별거 아닌 것 같지만 굉장한 에너지를 낼 수 있어."

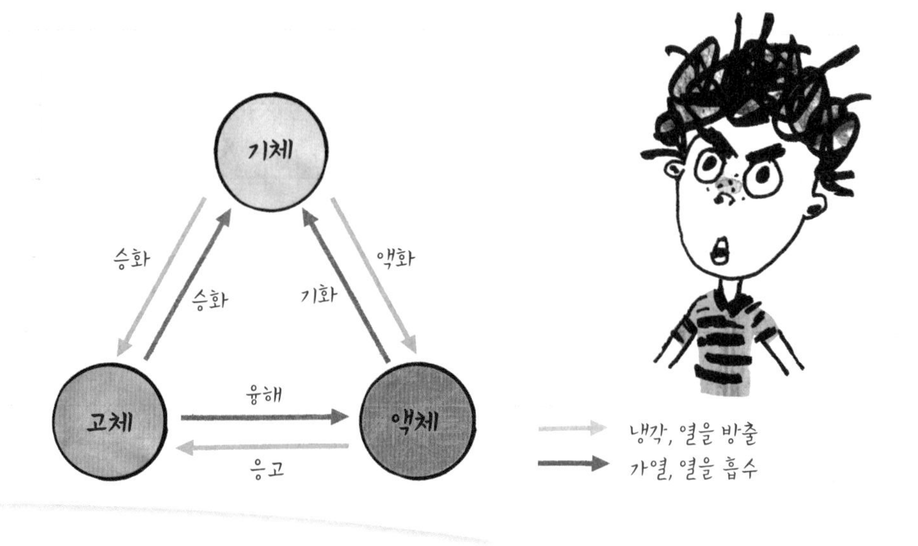

물질의 상태 변화와 열에너지의 출입

"단순히 멀어지고 가까워지는 게 아니라는 건가요?"

"그래. 분자 사이의 거리가 멀어질 때는 열과 같은 에너지가 많이 필요해. 그리고 분자 사이의 거리가 가까워질 때는 많은 에너지가 나오지. 다시 말해서 분자 사이의 거리가 변할 때 나오거나 들어가는 힘이 있는데, 이러한 힘을 이용하여 마법을 부리는 게 분자 마법이다."

분자 마법에 대해 설명하는 모습을 보고 있으려니 아저씨가 진짜 마법사처럼 보였다.

"에너지와 분자 사이의 거리가 무슨 관계가 있나요?"

"모든 분자들은 항상 움직이고 있어. 고체 상태일 때도 분자는 제자

리에서 조금씩 운동을 하고 있단다. 그런데 분자들이 에너지를 얻으면 기운이 생겨 빠르게 운동을 할 수 있지."

"그건 엄마한테 들은 적이 있어요. 우리가 밥을 먹으면 힘이 나서 뛰어다닐 수 있게 되는 것과 같다고요……."

"엄마가 아주 잘 알고 계시군. 대단한데?"

"우리 엄만 과학자예요. 유명한 과학자!"

나는 마치 내가 위대한 과학자가 된 듯 뽐내며 말했다.

"그래. 알았으니 자랑 그만해라. 고체는 배가 고파서 움직이기 힘든 상태라고 생각하면 돼. 거기에 에너지를 얻으면 조금 더 활발히

움직일 수 있겠지. 간식을 먹고 걸어 다니는 정도라고 보면 되겠지? 이것이 액체다."

"그리고 마구 뛰어다니는 게 기체죠?"

"맞았어!"

분자 마법에 대해 간단히 설명한 아저씨는 본격적으로 마법 수업을 시작했다.

"자, 처음 배울 마법은 '융해와 응고 마법'이야. 녹는 것과 어는 것은 알지?"

"당연하죠. 그런 건 유치원생도 안다고요. 녹는 건 초콜릿이나 얼음이 녹는 것처럼 딱딱한 고체가 흐르는 액체가 되는 거예요. 반대로 녹은 걸 냉장고에 넣으면 초콜릿은 다시 딱딱해지고 물은 얼음이 되죠. 이게 어는 거예요."

나는 아저씨가 늘 그러듯 약간 턱을 들며 오만하게 말했다.

"호오. 그럼 융해와 응고라는 것도 아냐?"

"음…… 그게, 그러니까……. 잘 모르겠어요. 그건 배운 적이 없는걸요."

자신감에 찼던 나는 머리를 긁적이며 말했다.

"크하하하."

아저씨는 연신 웃어대며 날 놀렸다. 나는 그 모습을 보다가 은근히 화가 나서 외쳤다.

"어린애가 좀 모를 수도 있지, 어른이 그런 걸 비웃는 게 어딨어요?"

"하하하, 미안하다. ★ 융해(融解)와 ★ 응고(凝固)는 녹는 것과 어는 것이란 뜻의 한자어야."

★ **융해**
고체에서 액체로 되는 현상

★ **응고**
액체에서 고체로 되는 현상

그제서야 아저씨가 웃은 이유를 알고서 나도 같이 웃어버렸다.

"과학자들은 어떤 현상이든 간단하게 정리하고 싶어서 한자어를 많이 쓰지."

"그게 더 어려운 거 같은데요."

아저씨는 빙긋이 웃으며 자신의 반쪽 지팡이를 내게 건넸다.

"지금은 제대로 된 마법 지팡이를 살 돈이 없으니 이거라도 써야겠구나. 꼬맹아, 빌려 주는 거니까 험하게 다루지 말고."

"네!"

나는 신나게 마법 지팡이를 받아들었다.

무인도 바닷가에서 처음 지팡이를 발견하고 집어 들었을 때와는 사뭇 다른 느낌이었다. 새로운 마음으로 지팡이를 든 내가 주위를 바라보았을 때였다. 갑자기 주위의 풍경이 달라 보였다. 원래의 풍경과 조그만 구슬들이 떠다니는 모습이 겹쳐 보였다.

"으악!"

나는 깜짝 놀라 비명을 질렀다.

"아, 깜빡하고 말을 안 해 줬구나. 마법 세계에서 지팡이를 손에 쥐면 주위를 이루는 분자들의 모습이 크게 확대되어 눈에 보여. 그

래야 분자 마법을 쓸 수 있으니까. 너무 놀라지 마라, 꼬맹아."

나는 다시 주위를 둘러보았다. 정말 아저씨가 설명해 준 대로 나무나 돌 같은 고체는 분자들이 다닥다닥 붙어 있었고, 바닥에 고여 있는 빗물은 물 분자들이 서로 일정한 간격을 유지하며 일렁였다. 그리고 주변의 공기에는 분자들이 드문드문 떠다녔다.

"이거 진짜 신기하네요! 계속 보다 보니까 재밌어요."

"계속 그렇게 놀 생각이면 지팡이 다시 회수할 거다. 빨리 수업을 진행하자."

나는 지팡이를 뺏는다는 말에 얼른 자세를 다잡고 아저씨에게 집중했다.

"우리가 처음 배울 마법은 융해와 응고 마법이라는 제목 그대로 녹을 때와 얼 때 출입하는 에너지를 이용하는 마법이야."

"녹을 때와 얼 때요?"

"그래. 네가 아까 말했던 것처럼 초콜릿이 녹을 때나 얼음이 녹을 때처럼 고체가 액체로 변할 때는 서로 빈틈없이 손을 잡고 가까이 있던 분자들이 잡은 손을 놓고 멀어지게 돼. 이때 분자들이 잡은 손을 놓게 하려면 엄청난 열이 필요하지."

"더울 때 서로 떨어지려고 하는 사람들처럼요."

"맞아. 그런데 분자들은 스스로 열을 낼 수가 없어서 서로 떨어지려면 주위에서 열을 흡수해야 해."

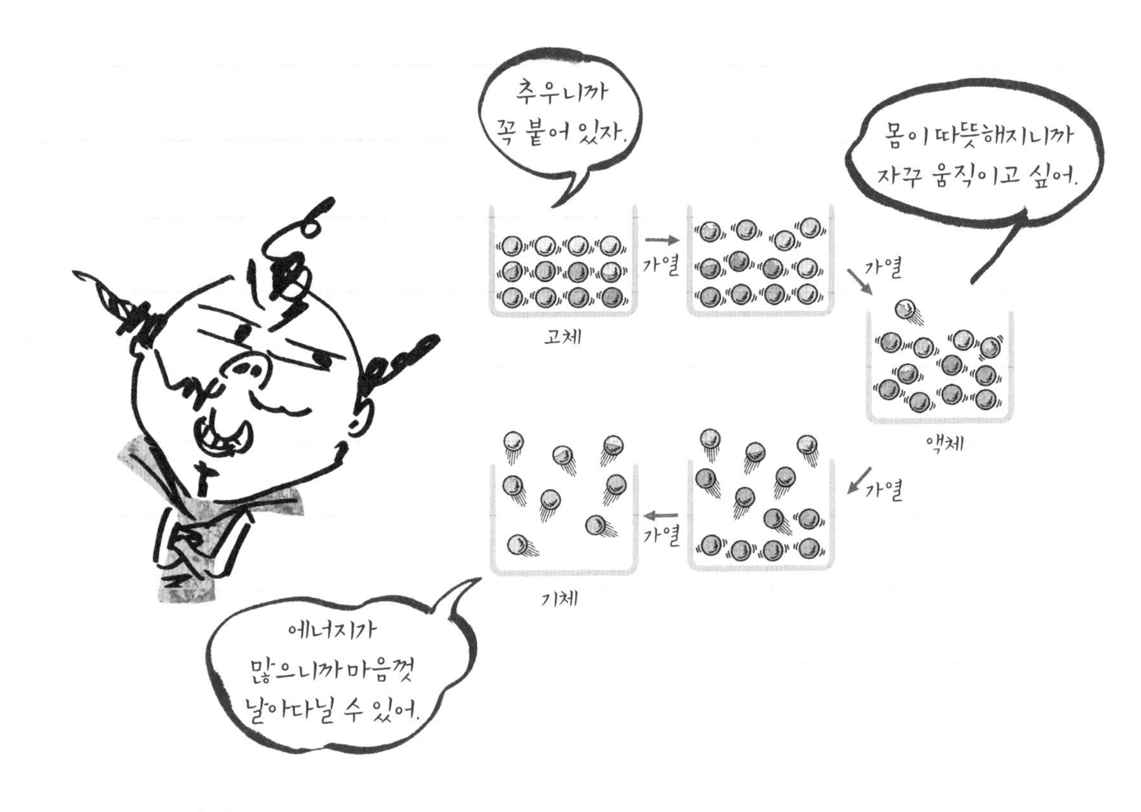

"그렇군요……. 그럼 얼 때는 반대로 액체가 고체가 되는 거니까, 분자가 서로 붙어야 해요."

"응고가 융해의 반대라면 서로 붙을 때 필요로 하는 것도 반대겠지?"

"아! 그럼 열을 밖으로 내보내면서 분자들이 서로 뭉치겠네요. 추울 때는 동물들도 서로 붙어서 체온을 유지하려 하니까요."

"바로 그거야! 우리는 그 성질을 이용해 마법을 부릴 거야. **융해 마법은 말 그대로 고체 상태의 분자들을 분자 사이의 간격을 떨어뜨**

려 액체 상태로 만드는 마법이니까 마법 지팡이로 분자에 열에너지를 가해야 해. 또 응고 마법은 액체 상태의 분자들을 서로 달라붙게 하여 고체 상태로 만드는 마법이니까, 마법 지팡이로 분자에서 열에너지를 뺏어야 한다."

나는 아저씨의 말을 완벽하게 이해할 수 없었다. 하지만 융해 마법은 고체에 열을 줘야 하고, 응고 마법은 액체에서 열을 뺏어야 한다는 말은 이해했다.

우리는 융해와 응고 마법을 실제로 연습해 보기로 했다. 아저씨는 근처에 있는 물웅덩이 쪽으로 날 데리고 갔다.

"이 마법에 특별한 주문은 없단다. 그냥 네가 변하기를 원하는 물체의 분자에 집중하고, 머릿속으로 응고 마법이나 융해 마법을 생각하며 지팡이를 가져다 대기만 하면 돼. 자, 이 웅덩이의 물을 한 번 얼려 보아라."

나는 아저씨의 말대로 웅덩이에 고인 물에 집중했다. 물은 액체니까 응고 마법을 써야 할 것이다. 응고 마법은 어느 정도 간격을 두고 위치한 저 분자들을 가깝게 모이게 해야 된다.

나는 머릿속으로 응고 마법을 생각했다. 그러자 내가 물웅덩이에 가져다 댄 마법 지팡이의 끝이 빛나더니 웅덩이의 물이 서서히 얼기 시작했다.

"야호! 성공이에요, 성공! 아저씨 보셨어요? 제가 물을 마법으로 얼렸다고요."

나는 흥분의 도가니에 빠졌다.

물웅덩이가 완전히 얼자 응고 마법에 성공한 나는 융해 마법도 해 보고 싶었다. 그래서 주위에 있는 돌을 향해 열심히 융해 마법을 떠올리며 지팡이를 가져다 대었다. 그러나 돌은 꿈쩍도 하지 않았다. 그때 누군가 내 정수리를 때렸다.

"꼬맹아! 응고 마법 한 번 성공했다고 벌써 돌을 녹일 생각을 하

고 있는 거야?"

내 정수리를 때린 범인은 다름 아닌 아저씨였다.

"아얏, 그렇다고 때릴 것까진 없잖아요……."

"꼬맹아, 내가 미리 말해 주지 않았지만 돌이나 나무 같은 것들은 얼음보다도 분자들을 떼어 내기가 굉장히 힘들어. 그것들은 훨씬 더 많은 에너지를 원한단 말이야."

"네? 원하는 에너지의 양이 달라요?"

"돌이나 나무가 햇빛에 녹는 걸 본 적이 있냐?"

아저씨가 물었다.

"에이, 그게 어떻게 햇빛에 녹아요."

"그럼 얼음이 햇빛에 녹는 건?"

"당연히 봤죠. 더울 때는 금방 녹는걸요."

나는 아저씨의 질문이 굉장히 쉽다고 생각하며 답했다. 답을 하고 나서야 아저씨가 왜 그런 질문을 했는지 알 것 같았다.

"말 그대로야. 그건 물질마다 녹기 위해 필요한 열에너지가 서로 다르기 때문이야. 넌 이제 막 마법을 배우기 시작했으니까 얼음처럼 비교적 쉽게 녹는 것들로 융해 마법을 연습해라."

나는 아저씨의 말에 따르기로 했다. 내가 물을 얼리는 응고 마법에 성공한 이유는 내가 마법에 재능이 있어서가 아니라 물은 다른 액체들보다 어는 온도가 높아 적은 양의 열에너지만 뺏어도 얼음이 되기 때문이었다.

나는 내가 얼렸던 얼음을 다시 녹이는 융해 마법을 연습하기로 했다. 얼음이 그나마 녹기 쉽다고 해서 한 번에 성공할 줄 알았다. 하지만 응고 마법의 성공이 운이었는지 융해 마법은 몇 번을 실패한 후에야 간신히 성공할 수 있었다.

그렇게 나는 아저씨의 열정적인 지도를 받으며 밤이 될 때까지 물웅덩이를 얼렸다 녹이기를 반복했다.

이튿날 나는 물에 한해서는 응고와 융해 마법을 꽤나 잘할 수 있게 되었다. 지난 밤 항구 도시의 하숙집에 묵으면서 밤늦도록 물 한 컵을 대상으로 마법을 연습한 결과였다.

나는 마법 실력을 자랑하려고 아저씨의 방으로 들어갔다. 아저씨는 이불을 머리까지 뒤집어쓴 채 잠들어 있었다.

"아저씨! 일어나 보세요. 벌써 해가 중천에 떴어요."

나는 아저씨를 흔들며 말했다. 하지만 몇 번을 흔들어도 아저씨가 일어나지 않자 이불을 걷어내었다. 아저씨는 창백한 얼굴로 식은땀을 흘리고 있었다.

"아저씨! 아저씨! 괜찮아요? 어디가 아프신 거예요?"

"으…… 아저씨가 뭐야. 스승님한테……."

목소리에 힘은 없었지만 저런 말을 할 정도면 다행히 의식은 있는 것 같았다.

"아무래도 요 며칠 너무 힘들어서 몸살이 난 모양이야……."

아저씨는 갈라진 목소리로 말했다. 한눈에 보기에도 정말 심한 몸살이 났음을 알 수 있었다.

"제가 약 사올게요. 조금만 기다리세요."

"음…… 마법 대회가 얼마 남지 않았어……. 난 괜찮으니까 어서…… 연습해라. 꼬맹아."

아픈 와중에도 꼬맹이라는 말을 빼먹지 않는 아저씨가 골골대며 말했다.

"하지만 아저씨가 이렇게 아픈데 어떻게 연습을 해요. 저 어젯밤에도 연습 많이 했어요. 빨리 나아서 다음 마법을 알려 주세요."

내 말에 아저씨는 못 이기는 척 알았다고 손짓을 했다. 그리고 마법 대회를 하루 앞둔 난 결국 하루 종일 아저씨의 병수발을 들게 되었다. 당연히 마법 연습은 하나도 하지 못했다.

그리고 대망의 아침이 밝았다.

나의 지극한 보살핌에 많이 나아진 아저씨가 먼저 준비를 끝냈다. 그리고 아저씨를 간호하느라 진이 빠진 나는 반쯤 감긴 눈으로 아저씨에게 빌린 지팡이를 챙기고 새로 산 진회색의 망토를 걸쳤다.

우리는 마법 대회 참가 신청서를 낼 때 갔던 그 분수 공원으로 발을 옮겼다. 예상대로 많은 사람들이 모여 있었다. 그 모습을 보자 나는 갑자기 떨려 왔다.

"아저씨, 어떡해요. 저 못할 거 같아요. 이제 응고와 융해 마법 하나 배웠는데, 제가 할 수 있을까요?"

"당연히 안 되지."

"네?"

아저씨는 나를 위로하기는커녕 더 기를 죽이려는 것 같았다.

"하지만 말이야. 이 대회는 그저 마법만 잘 쓴다고 되는 게 아냐. 그리고 대회 기간도 제법 길고 말이야. 오늘 열리는 예선전만 통과하면 대회 기간 안에 마법을 차근차근 배우면 된단다. 그러니까 꼬맹아, 너무 긴장하지 말고 차분히 해. 알았지?"

아저씨는 이렇게 말하며 내 등을 두드려 주었다. 하지만 나는 아저씨의 말에도 마음이 진정되지 않았다. 그 말은 결국 예선전은 무조건 통과해야 한다는 말이니까.

나는 긴장된 마음으로 분수 공원 가운데에 위치한 콜로세움 형태

의 경기장 안으로 들어갔다. 예선전은 여섯 명의 선수들이 한 조가 되어 겨루며, 조마다 수행해야 할 미션이 달랐다. 각 조에서 미션에 가장 먼저 통과하는 한 사람이 본선으로 올라가는 방식으로 진행되었다. 나는 총 21조 중 20조였다.

선수 대기실에는 참가자 외의 다른 사람은 들어가지 못하게 되어 있어 아저씨는 관람석에서 지켜보기로 하였다. 나는 떨리는 손을 마주잡고 앞 조들의 경기를 지켜보았다.

'이제 한 경기만 마치면 내가 속한 20조의 경기군.'

내가 창백한 얼굴로 떨며 경기를 지켜보자 같은 조에 속한 덩치 큰 대머리 마법사가 내게 다가왔다.

"흐흐흐, 그렇게 떨면 마법이나 쓸 수 있겠어?"

그는 나를 내려다보며 말했다. 시비를 거는 것이 분명했지만 나는 무시했다.

그리고 바로 우리 조의 차례가 되었다.

"다음 경기입니다. 20조 나와 주세요."

사회자의 안내 방송이 나왔다.

20조에 속한 사람들은 나와 그 덩치 큰 대머리 마법사를 포함해 모두 여섯 명이었다. 우리 조는 경기장 가운데에 우뚝 솟은 링 안으로 들어섰다. 우리가 입장하자 관람석에서 사람들이 환호했다. 잠시 후 함성이 잠잠해지자 사회자의 말이 이어졌다.

"자! 20조의 미션명은 '차가운 비가 내리는 실내의 온도를 높여라.'입니다."

사회자가 말을 마치자마자 땅이 흔들리며 링의 각 모서리에서 투명한 플라스틱 벽이 올라왔다. 그리고 사회자가 마법으로 플라스틱 천장까지 만들자 선수들은 마치 거대한 플라스틱 방 안에 갇힌 꼴이 되었다.

모두 당황해하고 있을 때 사회자가 지팡이를 한 번 더 휘두르자 링 가운데의 바닥이 열리며 사람 크기만 한 온도계가 올라오고, 천장에는 먹구름이 생기며 비가 내리기 시작했다. 보고도 믿을 수 없는 광경이었다.

내가 신기해하며 잠시 멍해 있을 동안 다른 선수들은 실내 온도를 올리기 위해서 온도계 근처로 다가갔다. 그 모습을 보고 정신을 차린 나도 재빨리 온도를 높일 방법을 생각했다.

'온도를 높이기 위한 가장 쉬운 방법은 불을 피우는 건데…….'

다들 나와 같은 생각을 했는지 마법을 이용하여 온도계 근처에 불을 일으키려고 부산했다. 그중 내게 시비를 걸었던 덩치 큰 마법사가 가장 빠르게 지팡이 끝에 불을 일으키는 데 성공했다.

'어쩌지? 나는 불피우는 마법은 할 줄 모르는데…….'

그러나 세차게 내리는 비 때문에 불은 금방 꺼지고 말았다. 불을 피우려고 하는 다른 마법사들도 상황은 비슷했다. 그 모습을 보고 나는 다른 방법을 생각하기로 했다.

불을 피우지 못하는 상황에서 온도를 높이기 위해서는 차가운 비

를 멈추게 하는 방법이 있지만, 지금 내가 할 수 있는 마법은 응고와 융해 마법뿐이었다. 그렇다면 내리는 비 자체를 이용하여 온도를 높여야 했다.

'비…… 비를 어떻게 이용해야 실내 온도를 높이지?'

실내 온도를 높이려면 어디선가 열에너지를 가져와야 했다.

'열에너지, 열에너지를 어디서 가져온담?'

그때 내 머리 속에 ★ 섬광이 번쩍이는 듯 했다. 비가 눈이 되는 응고 마법을 쓰면 즉, **액체인 비를 고체인 눈으로 바꾸면 물 분자들이 갖고 있는 열에너지가 밖으로 빠져나오게 되니 실내 온도가 올라갈 것이다.**

★ **섬광**
순간적으로 강렬히 번쩍이는 빛

비가 너무 세차게 내려 응고 마법이 성공할 수 있을지 겁이 났지만, 나는 비가 내리는 공중을 향해 지팡이를 치켜들었다. 그리고 있는 힘을 다해 비를 이루고 있는 물 분자들을 한데 모으는 생각을 하며 지팡이를 크게 휘둘렀다.

그러자 기적처럼 세차게 내리던 비가 서서히 약해지면서 눈송이가 하나둘씩 떨어지기 시작했다.

"성공이다!"

비가 눈으로 바뀌어 내리자 실내는 생각보다 더 포근해졌다. 그리

고 동시에 내 옆의 덩치 큰 마법사가 지팡이를 휘둘러 큰 불을 만들어 냈고, 링 가운데의 온도계가 올라갔다.

"으하하! 내가 이겼다! 내가 가장 먼저 불을 피워 온도를 올렸다이 말이야."

덩치 큰 마법사가 웃으며 소리쳤다. 하지만 아직 심사위원의 판정이 나지 않은 상태였다.

"그럼 20조의 통과자를 발표하겠습니다."

사회자의 말이 시작되자 모두들 숨을 죽였다.

"20조의 통과자는 황 찬 선수입니다."

내 이름이 호명되자 나는 제자리에서 뛰며 기뻐했다. 그리고 관람석에서 아저씨를 찾기 시작했다.

"이봐 사회자! 불을 피워 온도를 올린 사람은 바로 나야. 이 꼬맹이는 비를 눈으로 바꿨다고. 비보다 차가운 눈으로 말이야!"

그 덩치 큰 마법사는 험악한 인상을 더욱 찌푸리며 사회자에게 소리를 질렀다.

"죄송하지만 이번 미션에서는 황 찬 선수가 가장 빨리 온도를 올렸습니다. 결과적으로 황 찬 선수만이 통과자입니다."

"뭐라고! 그런 게 어디 있어? 비를 눈으로 바꾸면 오히려 추워지잖아!"

그의 항의가 거세졌다.

"물론 그렇게 생각하실지 모르겠지만, 응고 마법은 흩어진 분자들을 뭉치기 위해 분자들로부터 열을 빼앗습니다. 그 결과 주변의 온도는 올라가죠. 융해 마법은 그 반대이고요. 겨울에 눈이 온 후에는 더 춥다고 느낄지 모르지만, 눈이 오는 순간은 상대적으로 포근하게 느껴지는 것이 그 한 예입니다."

"이건 말도 안 돼! 말도 안 된다고. 내가 저런 꼬맹이한테 질 리가 없어!"

사회자의 설명에도 그는 패배를 인정하지 않으며 위협적으로 항의했다.

항의가 거세지자 사회자는 한숨을 쉬며 손가락을 튕겼다. 그러자 항의하던 덩치 큰 마법사는 마치 돌처럼 굳어 버렸다. 사회자는 꽤

나 실력이 좋은 마법사인 것 같았다.

사회자의 마법으로 굳어버린 마법사를 경비원 둘이 들고 퇴장하자 다른 마법사들도 하나씩 링 위를 벗어났다. 그리고 나도 관람객들의 환호를 받으며 출구로 퇴장했다.

누군가 관람석에서 지팡이 반쪽을 반짝이며 날 지켜보는 것도 모르는 채 말이다.

분자 마법 퀴즈 5

비가 눈으로 바뀌면 포근해지는 이유는 무엇일까요?

6 기화 액화 마법

나는 우리 조의 경기가 끝난 후 마지막 조의 경기를 보기 위해 선수 대기실로 갔다. 그 사이 경기장 안이 정리되고 21조가 호명되었다. 여섯 명의 선수들이 줄을 맞춰 링 안으로 입장했다. 그중에 내 또래로 보이는 여자아이 하나가 눈에 띄었다. 앞 조의 경기들을 지켜본 결과 내 또래의 선수는 그 여자아이 하나였기 때문이다.

내가 그 아이에게 집중하고 있을 때 경기가 시작되었다. 미션명은 '어떤 뾰족한 도구나 힘을 쓰지 않고 풍선을 터뜨려라.'였다. 말도 안 되는 미션이었다. 통과자가 하나도 없을 것이라고 예상한 나는 편안한 마음으로 경기를 지켜보았다.

내 생각대로 누구 하나 먼저 나서는 사람이 없었다. 그때 그 여자

아이가 앞으로 나서더니 공중에 마법 지팡이를 휘둘렀다. 그러자 허공에 물이 고이더니 지팡이의 끝을 따라 풍선 안으로 들어갔다.

나는 물을 가득 채워 풍선을 터뜨릴 것이라고 생각했다. 그러나 그 여자아이는 더 이상 물을 채우지 않고 풍선의 입구를 묶더니 그 상태에서 다시 마법 지팡이를 휘둘렀다. 그러자 순식간에 풍선이 부풀다가 결국 터져 버렸다.

나는 내 눈을 믿을 수 없었다. 하지만 아무리 눈을 비비고 봐도 사실이었다. 그 아이는 바로 통과자가 되었고, 그렇게 예선전 경기가 모두 끝났다.

나는 경기가 끝남과 동시에 경기장 밖으로 나가 아저씨를 찾았다. 그때 익숙한 손 하나가 내 어깨를 잡았다.

"아저씨!"

"예선전은 무사히 통과했구나, 꼬맹아."

아저씨는 크게 기쁜 척을 하진 않았지만

표정이 밝았다.

"아저씨, 아까 보셨어요? 그 마지막 경기요."

"그래, 봤다."

"마지막에 그 여자아이가 쓴 마법이 뭐예요? 응고 마법이라면 물이 얼음이 되었을 텐데 물이 순식간에 사라졌어요."

"그래, 그건 응고 마법이 아냐. 한 단계 더 높은 마법이지."

"네?"

"내가 응고와 융해 마법은 가장 쉬운 마법이라고 했잖아. 그 아이가 쓴 마법은 액화와 기화 마법이야."

"액화와 기화 마법이오?"

"액화와 기화 모르지?"

아저씨가 얄미운 표정으로 물었다.

"모르는 게 아니라 아직 안 배운 거라고요!"

내가 입을 삐죽이며 말하자 아저씨는 못 이기는 척 설명을 이어나갔다.

"응고는 액체가 고체가 되는 거고, 융해는 고체가 액체가 되는 거지? 기화는 액체가 기체가 되는 거고, 액화는 기체가 액체가 되는 것을 말한단다."

"그렇군요……. 그렇지만 그 여자아이는 허공에서 물을 만들고 그 물을 이용해서 풍선을 펑! 하고 터뜨린 걸요? 그런 마법이 아닌 것 같던데요?"

나는 풍선을 터뜨린 것과 액화, 기화 마법이 어떤 연관이 있는지 알 수 없었다.

"꼬맹아, 허공에서 물을 만든 게 아니라, 주변의 수증기를 물로 만든 것뿐이야. 기체를 액체로 만드는 액화 마법이라고."

"주변의 수증기를요?"

"벌써 잊은 게냐? 무인도에서 그렇게 설명해 줬건만."

"아! 기억났어요! 보이지 않아도 우리 주변에는 어디에나 수증기가 있다고 하셨지요."

"그래. 일기예보에서 말하는 ★ 습도 있지? 그 습도가 우리 주변에 있는 수증기의 양을 말하는 거야. 그 여자아이가 쓴 마법은 그걸 이용한 거지."

"그럼 갑자기 풍선이 터진 건요? 그건 어떤 마법을 쓴 거예요?"

"그건 기화 마법을 쓴 거야."

"기화요? 그럼 물이 기체가 되어 풍선이 터진 거라고요?"

나는 믿을 수 없어 다시 물었다. 기화 마법으로 액체였던 물을 기체인 수증기로 만들었다 해도 수증기가 풍선을 터뜨릴 힘이 있다고 생각되지 않았기 때문이다.

★ 습도
공기의 습하고 건조한 정도를 수치로 표현한 값. 절대 습도와 상대 습도가 있으며, 우리가 주로 얘기하는 습도는 상대 습도를 말한다.

내가 의문스러운 표정을 짓자 아저씨는 직접 보여 주겠다며 분수 공원으로 날 끌고 갔다. 아저씨는 분수대에서 쏟아지는 물을 향해 무심한 표정으로 지팡이를 휘둘렀다. 그러자 분수대에서 떨어지던 물이 흔적도 없이 사라지면서 순간 차가운 강풍이 불어닥쳤다.

"으아아악! 이게 뭐죠? 어떻게 된 거예요? 갑자기 물이 사라지고, 엄청나게 차가운 바람이 불었어요."

"이게 바로 기화 마법이다."

"그럼, 이 차가운 바람은 얼음이 녹을 때 주위의 열을 흡수해 주위가 시원해지는 거랑 비슷한 거겠네요? 그런데 훨씬 차가워요."

"응. 이게 얼음이 녹는 것과 물이 수증기가 되는 것의 차이다."

"융해와 기화요?"

"응. 얼음은 쉽게 녹지만 물은 쉽게 수증기가 되지 않아. 팔팔 끓어야 빠르게 수증기가 되어 날아가지. 즉 **얼음이 물이 되는 것보다 물이 수증기가 되는 게 훨씬 더 많은 열에너지를 필요로 한다는 거야.** 수증기가 물이 되는 반대의 경우에도 마찬가지고. 얼음이 녹는 것보다 물이 수증기가 되는 데 더 많은 에너지가 필요하니 더 많은 열을 흡수하고 주위는 더 시원해진 거지. 반대로 수증기가 물이 되는 액화도 물이 얼음이 되는 응고 때보다 더 많은 열이 나온단다."

기화에 대해 아저씨의 설명을 들으니 왜 풍선이 터졌는지 알 것 같았다.

"그렇군요. 기화 마법으로 에너지를 받은 물 분자들이 활발히 운동을 하게 되고……. 음……. 분자 사이의 거리가 멀어지면서 풍선을 밀어냈군요."

"그렇지!"

"아하, 그래서 풍선이 터진 거였군요?"

"그래, 역시 하나를 가르치면 열을 아는군. 좋았어!"

역시 칭찬은 언제 들어도 기분이 좋다.

"그런데 아까 엄청난 강풍이 불었잖아요? 기화 마법을 쓰면 다 그런가요?"

"나중에 다 가르쳐 주마."

내가 궁금증을 참지 못하고 아저씨에게 묻자 아저씨는 무덤덤하게 말했다.

"아저씨! 저도 그 마법 빨리 가르쳐 주세요. 더 센 마법을 배우면 우승하기도 쉬울 거 아니에요?"

"뭐? 넌 아직 배울 때가 안 됐어. 융해와 응고 마법도 제대로 못 써서 낑낑거리는 애한테 대뜸 기화와 액화 마법을 가르치면 쓰지도 못할 마법을 걸어 보겠다고 융해와 응고 마법은 무시할 게 분명해. 때가 되면 가르쳐 줄 테니 융해와 응고 마법부터 마스터하고 오라고, 꼬맹아."

"절대 무시 안 할게요! 같이 연습하면 된단 말이에요. 예선에 참가했던 그 여자아이도 쓰는데 제가 못 쓰면 우승은 어림없죠!"

"경기를 쭉 지켜보니 그런 걱정은 할 필요가 없을 것 같던데. 그 여자아이가 누군지는 몰라도 독보적이야. 아마 그 아이는 결승에 올라갈 때까진 만나지 않을 테니 걱정 말거라."

아저씨는 내 부탁을 딱 잘라 거절했다.

그 후에도 아저씨가 지팡이 반쪽을 훔쳐 간 도둑을 찾으러 마을로 들어가기 전까지 그 마법을 가르쳐 달라고 떼를 썼지만 아저씨는 꿈쩍도 하지 않았다. 그러나 이미 기화와 액화 마법을 본 나는 이런 마법이 굉장히 시시하게 생각되었다.

예선을 무리 없이 통과한 나는 자신감에 차 뭐든 다 할 수 있을 것만 같았다. 나는 아저씨가 지팡이의 행방을 찾으러 마을로 간 사이 액화와 기화 마법을 스스로 터득해 보기로 결심했다.

나는 마법을 연습하는 공터로 갔다. 그리고 아저씨가 얘기했던 액화와 기화를 머릿속에 그렸다.

우선 양동이의 물을 대상으로 기화 마법을 써 보기로 했다. 기화는 비교적 가까이 위치한 물 분자 사이를 멀리 떨어뜨려 놔야 했다. 이때 분자들은 멀어지기 위해 주변에서 열을 흡수하고, 주변은 열을 빼앗겨 냉기가 올라온다. 복잡해 보이지만 융해와 비슷했다.

양동이 속의 물 분자들은 서로 가까운 거리에서 운동하고 있었다. 나는 액체의 분자들을 기체의 분자들처럼 멀리 떨어뜨리기 위해 마법 지팡이에 집중하였다. 기분 같아서는 한 번에 성공할 것 같았지만, 마법 지팡이가 고장이라도 난 듯 분자들은 꼼짝도 하지 않았다.

그리고 한곳에 강하게 집중하는 만큼 체력 소모도 엄청났다.

금방 지쳐 공터에 누워 쉬고 있을 때 한 남자가 내게 다가왔다. 그는 망토를 뒤집어쓰고 있어 얼굴이 잘 보이지 않았다.

"하하, 마법사 학생, 혼자 액화와 기화 마법을 연습하는 건가?"

액화와 기화 마법이란 단어에 나는 경계심을 약간 누그러뜨렸다.

"그런데, 누구시죠?"

"난 그저 지나가던 마법사라오. 이 늦은 시간에 혼자 연습하고 있는 게 보여서 잠시 들린 거지. 연습하는 모습이 보기 좋구려."

그는 따뜻하게 말을 건넸다. 편안한 말투와 왠지 모르게 아저씨와 비슷한 목소리가 내 경계심을 완전히 무너뜨렸다.

"액화와 기화 마법은 집중력이 많이 필요한 마법이지. 힘들어 보이는데, 이 음료수라도 마시고 연습하시오."

그는 내게 음료수 한 병을 건넸다. 밥도 안 먹고 마법 연습을 하던 터라 배가 고팠던 나는 음료수를 받아 의심 없이 들이켰다. 달콤한 것이 내 입맛에 딱 맞았다. 그리고 고맙다는 인사를 하려는 순간 눈앞이 흐려지는 것을 느꼈다. 나는 정체 모를 남자의 입 꼬리가 올라

가는 모습을 본 것을 마지막으로 완전히 정신을 잃고 말았다.

다음 날 내가 잠에서 깬 곳은 우리가 묵던 하숙집이 아닌, 삭막한 ㉮ 황야였다. 해가 머리 바로 위에서 비치는 것을 보니 아마 12시쯤 된 것 같았다.

> ㉮ **황야**
> 버려두어 거친 들판
>
> ㉮ **부전패**
> 기권 따위로 경기를 치르지 않고 지는 일

'여기가 어딜까?'

주위를 둘러봐도 도대체 여기가 어딘지 감이 잡히지 않았다.

'큰일이군. 3시에 본선 경기가 시작되는데, 난 어딘지도 모르는 곳에 있으니……. 경기 시작 시간에 못 가면 ㉮ 부전패를 당할 텐데…….'

그나마 다행인 것은 아저씨의 마법 지팡이가 내 옷 속에 그대로 들어 있다는 것이었다.

나는 길을 물을 만한 사람이나 건물이 있는지 둘러보았다. 하지만 주변에는 아무것도 보이지 않았다. 나는 몸을 일으켜 마음이 끌리는 대로 가 보기로 했다. 가만히 있는다고 누군가 찾으러 와 줄 리가 만무하기 때문이다.

20분쯤 걸었을까, 저 멀리 녹슨 철도가 보였다. 그리고 오래되어 폐쇄된 듯한 기차역이 하나 보였다. 나는 급한 마음에 그곳으로 뛰었다.

기차역 입구는 나무판자로 막혀 있었고, 표지판에는 '황야 마을'이라는 이곳의 지명과 기차의 노선도가 있었다.

나는 기차 노선도에서 우선 황야 마을이라는 지명을 찾은 후, 내가 있던 항구 도시를 찾았다.

"항구 도시는 여기에서 다섯 정거장이나 가야 하는 먼 곳이군. 걷거나 뛰어서는 절대 제 시간에 도착할 수 없을 거야."

나는 폐쇄된 기차역이라도 뭔가 있지 않을까 하는 심정으로 입구를 막은 나무판자를 떼어 내고 안으로 들어갔다. 예상대로 그곳에는 오래 전에 정지한 것으로 보이는 열차 한 대가 있었다. 증기 기관차 1호라고 쓰인 열차는 그냥 보기에도 오래되고 녹슬어 쉽게 움

직여 주진 않을 것 같았다.

나는 맨앞에 있는 기관실로 갔다. 그리고 그곳에 있는 레버와 손잡이들을 다 돌려봤지만 아무 응답이 없었다. 연료라고 적혀 있는 계기판이 비어 있음을 가리키는 걸 보니 연료가 없어 움직이지 않는 것 같았다. 나는 어떻게 연료를 보충할지 생각했다.

'자동차처럼 휘발유로 움직이거나 전기, 석탄이 필요하다면 그것들을 어디에서 구한담?'

나는 어쩔 줄 몰라 안절부절하고 있었다.

그때였다. 어디선가 아저씨의 목소리가 들렸다.

'꼬맹아.'

"아저씨? 아저씨예요?"

나는 깜짝 놀라 아저씨가 날 찾으러 온 줄 알고 주위를 둘러보았다. 하지만 근처에는 아무도 없었다.

'꼬맹이 대답해! 어디야?'

다시 아저씨의 목소리가 들렸다. 아마 아저씨가 어떤 마법을 쓴 것인가 보다.

"아저씨! 도와주세요. 이상한 곳에 와 있어요."

'뭐? 무슨 말이야?'

나는 지금까지 일어난 일을 모두 아저씨에게 말했다.

'그래서 지금 황야 마을이란 말이냐?'

"네……. 지금 바로 데리러 와 주실 수 없나요? 경기장에 도저히 시간 맞춰 갈 수가 없어요."

'지도에 황야 마을까지가 몇 km라고 써 있었냐?'

"21km라고요."

'그래? 기차가 정상적으로 달리면 시속 90km니까 황야 마을까지는…….'

"**시속이란 한 시간에 갈 수 있는 거리**를 말하는 거죠?"

'그래.'

"그럼……

1분에 갈 수 있는 거리＝시속÷60분

이니까 계산해 보면 1분에 $\frac{90}{60}$＝1.5km를 가요. 또

항구 도시까지 걸리는 시간＝항구 도시까지의 거리÷1분에 갈 수 있는 거리

니까 21km를 가려면 21÷1.5＝14분이 걸려요."

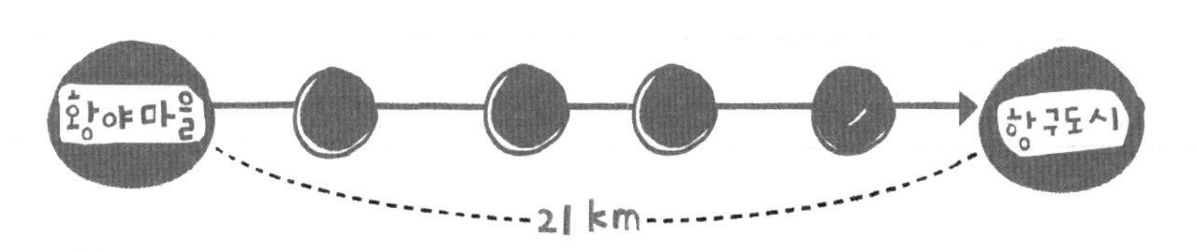

21 km ÷ (90 ÷ 60) km/분 = 14분

'와우, 계산 빠른데?'

"그 정도는 한다고요……."

'거기다가 기차가 출발하여 시속 90km까지 ★ 속력을 높이는 데도 시간이 걸리니까 14분 이상 필요할 거야.'

★ **속력**
일정 시간 동안 물체가 이동한 거리

"그럼 어떻게 해야 하죠? 지금 몇 시나 되었어요?"

나는 마음이 점점 조급해졌다.

'이런 큰일이군. 벌써 오후 2시가 지났어. 네가 내 마법 지팡이를 가져가는 바람에 큰 마법은 안 돼. 지금 이 연락 마법도 하숙집에 있는 낡은 마법 지팡이로 하는 거라 언제 끊길지도 모르겠고……. 어떻게 해야 될지…….'

나는 아저씨의 말에 낙심했다.

'아! 꼬맹이, 너 열차 안에 있다고 했지?'

"네. 하지만 연료가 없어서 움직이지 않는 것 같아요."

'아마 폐쇄된 열차라면 증기 기관차일 거야. 그거라면 충분히 움직일 수 있어.'

"증기 기관차요?"

'그래, 수증기로 움직여서 증기 기관차라고 하지.'

증기 기관차

"어떻게 기차가 수증기로 움직여요? 휘발유처럼 수증기를 열차에 넣으면 움직이는 거예요?"

'비슷하지, 자동차가 휘발유로 움직인다면, 증기 기관차는 석탄으로 물을 끓여서 만들어진 수증기로 움직이니까. 그렇지만 단지 수증기를 넣는다고 움직이지는 않아.'

그저 공기 중에 떠다니는 작은 물방울인 줄만 알았던 수증기가 기차를 움직일 수도 있다는 말에 놀랐다.

"그렇다면 제가 어떻게 해야 하는 거예요? 본선 경기까지 시간이 얼마 안 남았어요."

본선 경기가 코앞이라 불안한 마음에 내가 말했다.

> ★ **피스톤**
> 실린더 안에서 왕복 운동을 하는, 원통이나 원판 모양의 부품

'증기 기관차를 움직이려면 바퀴를 움직이게 하는 기계 장치인 ★ 피스톤을 찾아야 해. 피스톤은 자전거 바퀴에 공기를 넣는 펌프 같은 건데, 펌프로 바람을 넣을 때처럼 피스톤이 세게 누르고 떼는 것을 반복하면 바퀴가 움직이게 되지.'

"그럼 제가 그 피스톤이란 걸 손으로 눌렀다 뗐다 하면 되나요?"

'그걸 손으로 움직인다고? 푸하하하하.'

내 말에 아저씨는 숨이 차도록 웃었다.

'피스톤은 네가 아무리 눌러도 절대 움직이지 않을걸. 네가 기차

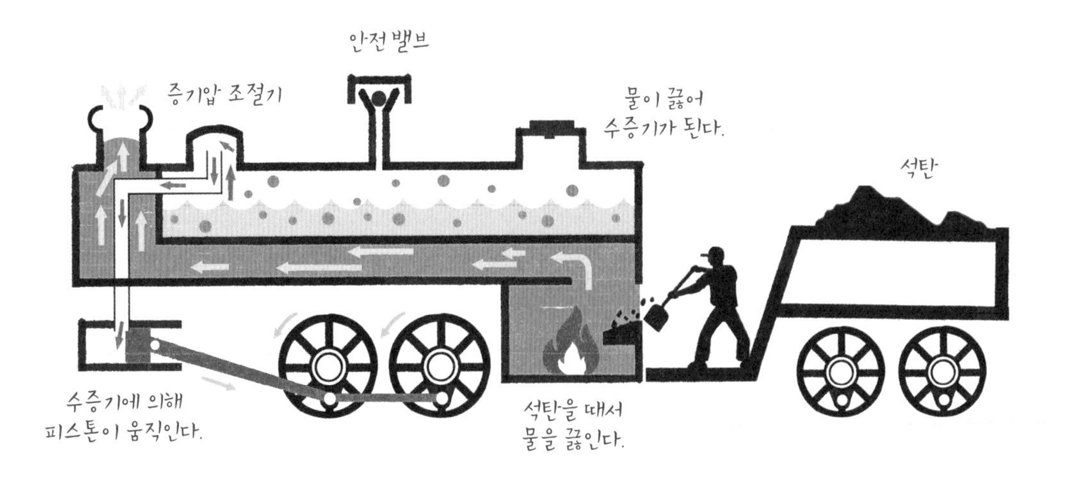

증기 기관차가 움직이는 원리

를 들어 올릴 수 있는 힘이 없는 이상은 말이다. 피스톤을 움직이려면 엄청나게 큰 압력, 즉 미는 힘이 필요해.'

"그럼, 피스톤을 움직이려면 어떻게 해야 하는 거예요?"

아저씨의 웃음에 약간 화가 나서 따지듯이 물었다.

'우선 연료통을 찾아라. 연료통은 피스톤과 바로 연결되어 있어. 그곳에…… 지직 ……을 채우고, 네가…… 지지직 …… 마법을 사용하면 되는 거지!"

아저씨는 차분하게 내가 할 일을 설명했다. 하지만 아저씨의 연락 마법에 문제가 생겼는지 잡음이 섞이며 소리가 끊겨 들렸다.

"네? 뭘 채워요? 무슨 마법이라고요?"

'…… 지지직…… 마법…… 지직…… 바람! …….'

결국 연결이 완전히 끊어진 모양이었다. 더 이상 아무 소리도 들리지 않았다.

"아저씨! 아저씨! 이런, 하필 이럴 때에……."

아저씨의 목소리가 들리지 않자 눈앞이 캄캄해졌다. 그러나 아무 일도 하지 않고 있을 수가 없었다. 어떻게든 본선 경기가 시작하기 전에 돌아가야만 했다.

나는 연결이 끊어지기 전에 아저씨가 했던 말들을 떠올렸다. 그리고 먼저 연료통을 찾으라던 말이 생각나 기차의 이곳저곳을 살펴보

았다. 연료통은 기차 바퀴가 있는 아래쪽에 붙어 있었다.

"이곳으로 수증기가 들어가야 한다고 했는데……. 수증기가 들어가는 것만으로 움직이진 않는다고 했고……. 어떤 마법을 쓰라는 거지? 으으. 바람은 도대체 뭐고."

나는 온 신경을 집중하여 잡음에 섞여 간간히 들리던 아저씨의 말들을 떠올렸다. 그러자 '바람'이란 말에 갑자기 아저씨가 분수대에서 보여 주었던 기화 마법이 생각났다. 그때 굉장히 차가운 바람이 불어왔다.

"그 바람을 말하는 건가? 대체 어떻게 바람이 생겼던 거지? 단지 액체가 기체가 되는 마법일 뿐인데, 내가 밀려갈 것 같은 바람이……."

밀려간다……. 이때 증기 기관차의 피스톤이 떠올랐다. 아저씨가 기화 마법을 썼던 곳처럼 탁 트인 곳이 아니라 **피스톤처럼 일정한 공간 안에서 그때와 같은 바람이 분다면 폭탄이 터지듯 피스톤이 밀려가지 않을까 싶었다.**

나는 일단 내 생각을 실천해 보기로 했다. 생각만으로 이루어지는 것은 아무것도 없다.

나는 역 근처에 있는 우물에서 물을 퍼 와 연료통에 넣었다.

'물을 얼마나 넣어야 할까?'

나는 예선에서 여자아이가 풍선을 터뜨릴 때 물을 조금만 넣었던 기억을 떠올렸다. 적은 양의 물로도 그 위력은 상당한 것 같아 연료통에 물을 가득 채우지는 않았다. 그리고 연료통 안의 물을 향해 한 번도 성공한 적 없는 기화 마법을 시도했다.

기화 마법은 서로 가까운 거리에서 운동하고 있는 액체 분자들을 떼어 내야 한다. 나는 정신을 집중하고 분자들을 봤다. 그리고 마법을 걸었지만 역시 실패했다.

"괜찮아! 실패하다 보면 성공할 때도 있을 거야."

나는 다시 마음을 다잡고 계속 기화 마법을 시도하였지만 몇 번이나 실패했다.

곧 시합이 시작될 것이다. 경기에 져서 지팡이를 찾지 못한다면 다신 엄마의 모습을 볼 수 없을지도 모른다. 그 생각에 나는 정신이 번쩍 들어 지팡이를 고쳐 잡았다. 그리고 손에 힘을 꽉 준 채 나는 다시 기화 마법을 펼쳤다.

'제발…… 한 번만이라도 성공해 다오.'

그 순간 물 분자들이 일제히 분리되어 가는 게 보였다. 그리고 흡수한 열기로 뜨겁게 달궈진 수증기가 되었다.

성공이었다!

기화 마법의 성공을 기뻐하는 것도 잊은 채 나는 얼른 수증기가 나오지 못하게 연료통의 뚜껑을 닫았다. 그리고 곧 열차가 떨리는 게 느껴졌다. 열차가 움직이기 시작한 것이다.

나는 서서히 움직이는 열차 에 재빨리 올라탔다. 철로만 따라가면 항구 도시다.

"야호! 달려라, 달려!"

나는 점점 속력을 내는 기차

안에서 환호성을 지르며 기차가 제 시간 안에 도착하기만을 기도했다. 한번 속력을 낸 기차는 오래된 기차라고는 믿기지 않을 정도로 빠르게 내달렸다. 순식간에 정거장들을 지나 경기장이 있는 항구 도시로 달렸다.

'치지지직……. 꼬맹아! 들리냐?'

아저씨의 목소리였다. 다시 연락 마법이 연결된 것 같았다.

"아저씨! 들려요!"

'아까 해결 방법을 말해 주었는데 잡음이 많아 네가 제대로 들었는지 모르겠구나. 물을 연료통에 넣고 기화 마법을 걸면 돼.'

아저씨의 말에 나는 피식 웃으며 말했다.

"아저씨, 이미 제가 해결했어요. 지금 열차를 타고 항구 도시로 가고 있는 중이에요."

'뭐? 혼자서 해결했다고?'

아저씨는 대단히 놀란 모양이었다.

"아저씨가 예전에 보여 줬던 기화 마법에서의 바람, 그리고 여자아이가 기화 마법으로 풍선을 터뜨린 것을 연결하여 생각했어요. 연료통 안에서 주위의 것들을 밀어 버리는 강력한 바람이 인다면 피스톤을 움직일 수 있을지도 모른다고요. 정확히 무슨 일이 일어나는 건지는 모르겠지만요."

'으하하하, 우리 꼬맹이가 또 해냈구나. 기화 마법을 사용하면 강력한 바람이 일지. 물이 수증기, 즉 **액체가 기체가 되면 분자끼리의 거리가 서로 멀어지면서 그 만큼 차지하는 공간, 즉 부피가 엄청나게 커지거든.** 갑자기 액체라는 돌멩이가 기체라는 바위가 되는 셈이지. 참 잘 했다, 내 제자!'

"그래서 풍선이 터지고 공기가 밀리면서 바람이 분 거였어요."

'바로 맞혔다! 그리고 연료통처럼 제한된 공간에서는 물이 수증기가 되어 갑자기 부피가 늘어나면서 미는 힘, 즉 ★ 압력이 엄청나게 커지지. 그런데 압력이 무엇인지는 알지?'

★ **압력**
단위 넓이의 면에 작용하는 힘의 크기

"그게…… 알 것 같은데……. 뭐라고 말하기는 어려운 것 같아요."

'그건 아는 게 아니지! 잘 들어. **압력은 $\frac{힘}{면적}$으로 나타낼 수 있어. 즉 단위 면적당 누르는 힘이야.**'

"단위 면적이오? 면적은 아는데……. 정사각형이나 직사각형에서 '가로×세로=면적'이라는 건 배웠어요."

'단위 면적이란 가로와 세로가 각각 1cm 또는 1m일 때를 말하는 거야. 즉 $1cm^2$, $1m^2$ 등을 말하지. 같은 힘을 가하더라도 힘을 받는 면적에 따라 압력이 달라진단다. 예를 들어 10이라는 힘을 가할 때 힘을 받는 면적이 $1cm^2$이면 압력은 $\frac{10}{1}=10$이 되고, 힘을 받는 면적이 $5cm^2$이면 압력은 $\frac{10}{5}=2$가 되는 거야.'

"아, 알 것 같아요. 같은 힘으로 눌러도 지우개로 누를 때보다 볼펜으로 누를 때 훨씬 아픈 게 그런 이유 때문이군요."

'그렇지! 압력은 면적에 반비례하니까.'

"반비례요?"

흔히 쓰는 단어지만, 이번에도 정확히 알고 싶어 내가 물었다.

'반비례를 알려면 정비례를 알아야지. **정비례란 어떤 값이 2배, 3배, 4배, …로 늘어날 때 다른 값도 2배, 3배, 4배, …로 늘어나는 거야.** 예를 들어 1개의 값이 100원인 과자를 2개, 3개, 4개, … 사면 과자의 값은 200원, 300원, 400원, …으로 늘어나지? 이때 과자의 값

은 과자의 개수에 정비례한다고 말해.'

"네. 그건 쉬워요. 그럼 반비례는 줄어드는 거겠네요?"

'쉽게 말해 그렇지. **반비례란 어떤 값이 2배, 3배, 4배, …로 늘어날 때 다른 값은 $\frac{1}{2}$배, $\frac{1}{3}$배, $\frac{1}{4}$배, …로 줄어드는 관계란다.** 예를 들어 12조각으로 나누어져 있는 피자 한 판을 친구들과 나누어 먹는다고 하자. 친구의 수가 2명, 3명, 4명으로 늘어나면 한 사람당 먹을 수 있는 조각의 수는 $\frac{1}{2}$인 6조각, $\frac{1}{3}$인 4조각, $\frac{1}{4}$인 3조각으로 줄어들게 되지.'

$$\text{한 사람이 먹는 조각 수} = \frac{\text{전체 조각 수}}{\text{사람 수}}$$

"아, 이제 알 것 같아요. 그러니까 연료통 속의 수증기가 좁은 면적을 지나게 되면 압력이 엄청나게 커져서 피스톤을 움직이는 거군요?"

'역시 내 제자야. 푸하하하. 스승을 잘 만나서 그런 거니 고맙게 생각해.'

"……."

아저씨의 설명을 들으니 약해 보이는 수증기가 어떻게 그토록 큰 힘을 낼 수 있는지 알 것 같았다.

'그리고 피스톤을 밀어낸 수증기의 열이 식으면 피스톤에 가해지는 압력이 작아져 펌프를 눌렀다 떼는 일이 반복되는 거지.'

"신기하네요. 그런데 아저씨! 기차가 다시 멈춰 가고 있어요."

기차는 속력이 급속도로 줄어들며 서서히 멈춰 가고 있었다.

'꼬맹아, 연료통에 계속 기화 마법을 쓰고 있는 게냐? 보통은 석탄을 때면서 수증기를 계속 만들어 내서 열차를 움직여. 그러니 한 번 기화 마법을 썼다고 기차가 항구 도시까지 가지는 않는다는 거야.'

"네? 알겠어요. 다시 한 번 해 볼게요."

나는 또다시 실패할까 봐 조심스럽게 기화 마법을 펼쳤다. 그러나 한 번 성공했던 마법이어서 그런지 연달아 성공했고, 기차는 다시 속력을 내며 달렸다.

'그나저나 어느새 기화 마법을 배운 거냐? 난 알려 준 적도 없는데 말이다.'

"사실, 아저씨가 없을 때 몰래 연습했거든요. 이렇게 도움이 될 줄은 몰랐어요."

'오호, 혼자서 기화 마법을 성공하다니, 꼬맹이 너 마법에 꽤 재주가 있구나? 치지직…… 이런, 또 연…… 치직…… 빨리 와라, 기다리마.'

아저씨와의 연결은 다시 끊어졌다.

열차는 충분히 빠르게 가고 있었고, 주위를 살펴보니 경기장까지는 얼마 남지 않았다. 그런데 갑자기 덜컹거리는 소리와 함께 계기판의 바늘이 빠르게 내려갔다. 연료통에 넣은 물의 양이 너무 적었던 모양이다.

기차는 속력이 점점 떨어지다 결국 멈춰 섰다. 다행히 그곳은 경기장 안의 마이크 소리가 들릴 정도로 경기장에 가까운 곳이었다.

경기장 안에서는 나의 입장을 재촉하는 사회자의 목소리가 들려왔다.

"아직까지 황 찬 선수가 입장하지 않았습니다. 앞으로 1분 안에 경기장에 모습을 드러내지 않으면 황 찬 선수는 자동 탈락됩니다."

나는 열차에서 뛰어내려 죽을 힘을 다해 달렸다.

'앞으로 40초…….'

시간이 줄어들수록 내 발걸음은 더욱더 빨라졌다. 언덕만 내려가면 경기장이었다.

'20초…….'

"제발……!"

뚝뚝 떨어지는 땀방울과 함께 간절한 목소리가 터져 나왔다.

'10초…….'

'9초…….'

"조금만 더!!!"

'5초…….'

'4초…….'

"조금만!!!!"

'3초…….'

'2초…….'

'1초…….'

"이런, 아쉽지만 이번 경기는……."

"잠시만요! 황 찬 왔습니다!!!"

정말 간발의 차였다.

나는 숨이 턱 밑까지 차 경기를 시작하기 전에 쓰러져 버릴 것만 같았다. 하지만 힘든 것을 내색하지 않으며 링 위로 올라섰다.

그리고 관중들의 함성 속에서 경기가 시작되었다.

경기의 시작을 알리는 나팔소리가 울리자 땅이 크게 진동했다. 그리고 주위의 풍경들이 점점 사라지며 거대한 사막이 눈앞에 펼쳐졌다.

나와 다른 마법사들 앞에는 바람 빠진 고무보트가 인원수만큼 있었고, 그 앞에 거대한 오아시스가 있었다. 그리고 오아시스 건너편 사막에는 일렬로 심어진 선인장 다섯 개가 보였다.

"이번 본선 제1경기는 일곱 선수씩 세 조가 경기를 합니다. 미션을 발표하겠습니다. 입이나, 도구 또는 분자 마법을 제외한 모든 마법을 사용하지 않고 고무보트를 물에 띄웁니다. 그리고 앞에 보이는 오아시스를 건너 마법이 걸린 선인장에 깨끗한 물을 주면 됩니

다. 단, 물은 마법을 이용해 만들면 안 됩니다. 경기는 선착순으로 진행되고, 미션을 완료한 사람이 나타난 순간 경기가 종료됩니다."

사회자는 경기 미션과 주의할 점을 발표하였다.

"자 그럼, 시합을 시작합니다!"

사회자가 시합의 시작을 알리자마자 마법사들은 앞다투어 고무보트로 달려갔다.

나는 서두르지 않았다. 입으로 불거나 도구를 사용하지 않고 고무보트를 물에 띄울 방법을 이미 생각해 놓았기 때문이다. 나는 여유롭게 주위를 살폈다. 거의 모든 마법사들이 고무보트를 앞에 놓고 바람을 채울 방법이 떠오르지 않는지 안절부절하고 있었다.

그러나 뚱뚱한 어떤 마법사는 고무보트의 바람 구멍 안으로 물을 퍼서 넣기 시작했다. 그러자 고무보트는 점점 부풀기 시작했다. 그 모습을 보자 몇몇 마법사들도 그 방법을 따라했다. 나는 잠시 지켜보기로 했다. 고무보트에 물을 거의 다 채우자, 그는 그 정도면 됐다고 판단했는지 부푼 고무보트를 호수로 밀어 넣었다.

"내가 1등이다!"

그러나 그의 말과는 달리 고무보트는 그대로 호수 안으로 빨려들어 갔다.

나는 그 모습에 가짜 바다의 보석을 만들던 때를 생각했다. 고무보트를 바다에 띄우기 위해서는 고무보트의 밀도를 호수 물의 밀도보다 작게 만들어야 했지만, 저 마법사는 밀도가 같은 호수 물을 가득 넣음으로써 고무보트가 그대로 가라앉고 만 것이다.

"그럼, 내가 1등인가?"

나는 혼잣말을 하며 고무보트 안에 물을 조금 넣은 후 기화 마법을 걸었다. 물을 수증기로 바꿔 고무보트를 부풀게 할 생각이었다. 그리고 내 생각대로 물이 수증기로 변하며 부피가 커지자 고무보트는 빵빵해졌다.

나는 당연히 내가 1등이라 생각하며 고무보트를 물에 띄웠다. 그러나 나와 같은 생각을 했는지 나보다 먼저 오아시스를 건너는 깡마른 마법사가 보였다. 그 모습을 보자 마음이 급해진 나는 재빨리 고무보트 위에 올라타 노를 저었다.

깡마른 마법사는 오아시스 건너편에 이미 도착해 선인장을 향해 달려가고 있었다.

"이런, 늦겠어!"

나도 곧 고무보트에서 내려 선인장을 향해 달렸다.

'어떻게 해야 마법을 쓰지 않고 물을 만들지? 액화 마법으로 주위의 수증기를 물로 만드는 게 가장 빠른데, 마법으로 물을 만들면 안 된다고 했으니…….'

선인장 앞에서 고민하고 있을 때 나보다 먼저 도착한 깡마른 마법사는 날 비웃으며 말했다.

"이 멍청아! 오아시스의 물이 있는데 굳이 물을 만들 방법 따위는 생각하지 않아도 되잖아. 으하하하!"

깡마른 마법사는 이미 오아시스에서 물을 떠 온 모양이었다. 내 뒤로 오아시스를 건너온 마법사들도 깡마른 마법사를 따라 물을 길어서 달려오고 있었다.

'지금 다시 오아시스로 가서 물을 떠 온다 해도 늦을 거야.'

이미 끝났다는 생각에 맥이 풀려 주저앉은 나를 비웃으며 깡마른 마법사는 자신이 선택한 선인장에 물을 뿌렸다. 그리고 사회자의 통과 안내가 나오리라 생각한 그때 오아시스의 물을 먹은 선인장이 빠르게 시들었다.

"아, 이런. 제가 깜빡하고 선수 여러분에게 말씀을 안 드렸군요. 오아시스의 물을 선인장에 주는 즉시 선인장은 시들고 해당 선수는

실격 처리됩니다. 이에 따라 47번 코코 선수는 실격 처리되었습니다."

"뭐? 안 돼……."

그의 외침과 함께 깡마른 마법사는 눈앞에서 사라져 버렸다. 그 모습을 보고 오아시스의 물을 떠 오던 마법사들은 물을 모두 버렸다. 그리고 모두들 다른 방법을 찾을 궁리를 하였다.

나는 뭔가 중요한 힌트가 있지 않을까 싶어 주위를 살폈다. 그때 선인장의 작은 그늘 아래 돌이 놓여 있는 것이 보였다. 나는 무심코 돌을 집어들었다.

"어? 돌은 시원하네."

돌은 정말 시원했다. 뜨거운 태양의 열을 받는 모래바닥과는 달랐다. 그리고 여름에 등산을 할 때 그늘 아래 있던 바위가 유독 시원해 그 위에 앉아 휴식을 취하던 것이 생각났다.

"어쩌면 이걸로 물을 만들 수 있을지도 몰라!"

나는 어떻게 해야 깨끗한 물을 만들 수 있을지 생각하기 시작했다. 그러자 무인도에서 보라색 물풀을 찾으려고 땅을 파던 생각이 났다. **수증기는 상대적으로 차가운 것을 만나면 가지고 있던 열을 빼앗겨 물이 된다**는 아저씨의 말과 함께.

그때는 땅을 깊이 파도 밀림의 열기 때문에 생각보다 시원하지 않았었다. 결국 기적처럼 발견한 동굴에서 수증기와 섞여 돌아다니던 물풀을 되찾았었다.

사막은 달랐다. 그늘에만 들어가도 햇빛이 내리쬐는 곳보다 훨씬 시원했다. 나는 선인장에 내 그림자를 드리우고 선인장 앞의 땅을 파 내려갔다. 이곳에는 햇빛을 가려 줄 나무가 없었기 때문이다.

주위의 마법사들은 내 행동을 이상하게 보았지만 나는 신경쓰지 않고 모래를 팠다.

그리고 내 팔이 쑥 들어갈 정도로 깊이 파자 그 속은 예상보다 시원했다. 나는 그 안으로 돌을 집어넣었다.

'그늘에 있던 돌이 차가워졌다면 내가 햇빛을 가리고 있는 이 구덩이 속에서는 돌이 더 차가워질 거야. 그리고 상대적으로 차가운 돌 주위의 수증기는 액화하여 돌에 이슬로 맺힐 거야.'

돌에 맺힌 물이 땅에 스며들자 마법의 선인장에 꽃봉오리가 점점 올라오더니 꽃이 활짝 피었다. 꽃 안에는 보라색 연기가 가득 든 유리병이 들어 있었다.

나는 그 유리병을 집어 들었다. 그러자 주위의 풍경이 다시 경기

장으로 바뀌며 사회자의 목소리가 울렸다.

"결선 첫 진출자는 황 찬 선수입니다!"

사회자의 말에 관중들이 환호성을 지르며 박수를 쳤다.

분자 마법 퀴즈 6

여름에 차가운 음료수를 담은 컵 바깥쪽에 물방울이 맺히는 이유는 무엇일까요?

열에너지 출입에 의한 물질의 상태 변화

물질에 열에너지를 가하거나 물질로부터 열에너지를 빼앗으면 물질의 상태가 변해요. 열에너지와 물질의 상태 변화는 어떤 관계가 있을까요?

물질을 가열하면 온도가 올라가요. 가해 준 열에너지가 물질의 온도를 높이는 데 쓰이기 때문이지요. 그런데 계속 가열하다 보면 온도가 더 이상 올라가지 않고 일정하게 유지되는 구간이 나타납니다. 왜 그럴까요? 바로 상태 변화가 일어나기 때문이랍니다. 이때 가해 준 열에너지는 물질의 온도를 높이는 데 쓰이는 것이 아니라 물질이 상태 변화를 하는 데 쓰이는 것이지요.

반대로 물질을 냉각하면 온도가 내려가다가 일정하게 유지되는 구간이 나타나요. 이것은 물질이 상태 변화를 하면서 밖으로 열에너지를 내보내기 때문이랍니다.

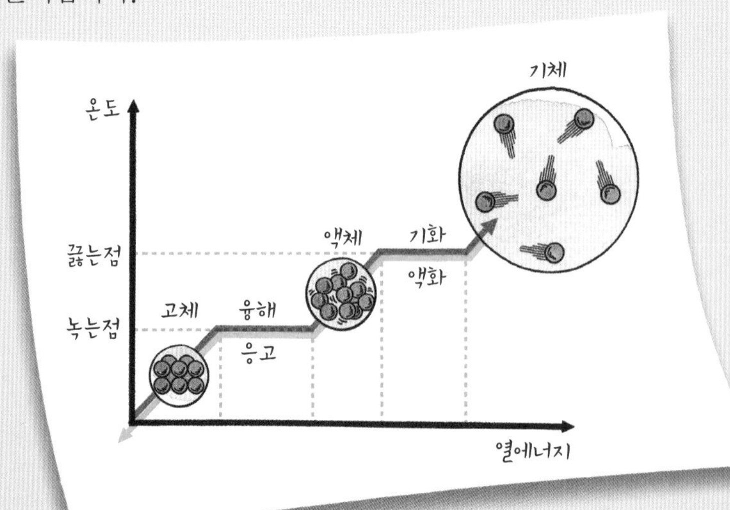

이와 같은 과정을 분자 운동으로 설명해 볼까요?

고체 상태는 분자 사이의 간격이 좁고 규칙적으로 배열되어 있어요. 즉 분자들 사이에 끌어당기는 힘이 강하므로 자유롭게 움직이지 못하고, 모양이 일정하게 유지되지요. 그러나 여기에 열에너지를 가하면 분자들의 운동이 활발해지고, 분자 사이의 끌어당기는 힘을 이길 수 있을 만큼 되면 분자 사이의 거리가 조금씩 멀어지면서 자유롭게 움직일 수 있는 액체 상태가 돼요.

액체 상태는 고체 상태보다 분자들 사이의 거리가 멀고, 불규칙적으로 배열되어 있어요. 그래서 서로 자리를 바꿀 수 있을 정도로 움직일 수 있지요. 액체가 담긴 그릇에 따라 모양이 변하는 이유를 이해할 수 있겠죠? 액체에 계속해서 열을 가하면 분자들 사이의 거리가 아주 멀어져서 서로가 더 이상 끌리지 않는 기체 상태가 된답니다.

기체는 고체나 액체에 비해 분자들이 서로 멀리 떨어져 있고, 모든 방향으로 활발하게 운동해요. 따라서 기체는 모양과 부피가 일정하지 않고, 부피가 고체나 액체에 비해 크게 늘어나요. 예를 들어 10mL의 병에 담겨 있는 기체를 100mL의 병에 옮겨 담더라도 기체 분자들이 매우 활발하게 운동하기 때문에 이내 100mL 병 전체를 가득 채우지요. 이때 기체를 이루는 분자 개수는 그대로이지만, 분자들 사이의 거리가 그만큼 멀어지기 때문에 병 전체의 부피를 차지하게 된답니다.

1조에서 본선 경기를 먼저 마친 나는 관중석에 있는 아저씨 곁에 앉았다. 내가 다가가자 아저씨는 잘했다는 표시로 씩 웃어 주었다. 그러곤 다시 경기장에 집중했다.

"마지막 경기! 결승 티켓 한 장을 거머쥘 자는 누구일까요? 참가자 중 최연소 마법사인 '루나' 양이 속한 마지막 3조의 경기가 시작됩니다."

사회자의 말이 끝나자 무섭게 생긴 마법사들과 함께 예선 때 본 여자아이가 경기장의 링 안으로 올라갔다.

'저 여자아이가 루나로군.'

나는 루나를 주의깊게 바라보았다.

3조의 경기는 믿을 수 없을 정도로 가볍게 끝났다. 루나의 완승이었다.

"이로써 내일 있을 결승전은 1조의 황 찬 선수와 2조의 멀린 선수, 3조의 루나 선수의 경기로 진행되겠습니다."

루나의 경기를 보고 위기감을 느낀 나는 곧바로 연습하기 위해 공터로 달려갔다. 그런데 웬일인지 아저씨가 먼저 공터에 와 있었다.

"꼬맹아, 좋은 소식과 나쁜 소식이 있는데 어느 것부터 들을래?"

내가 공터에 도착하자마자 아저씨가 던진 말이었다.

"네? 좋은 소식이오."

난 갑작스러운 질문에 약간 당황하며 답했다. 그러자 아저씨는 흐

못한 미소를 지으며 말했다.

"우리 지팡이를 훔쳐 갔던 그 도둑을 잡았어."

"정말요? 와우!"

나는 소리를 지르며 폴짝폴짝 뛰었다.

"그럼 이제 진짜로 집에 갈 수 있는 거죠?"

"아, 그 부분이 나쁜 소식인데, 그 도둑한테는 이미 지팡이가 없더라고."

"뭐라고요?"

순간 하늘이 무너져 내리는 것 같아 나는 자리에 풀썩 주저앉고 말았다.

"그럼 마법 대회 우승 트로피를 받아도 지팡이를 찾을 수 없게 되는 거잖아요?"

"아냐! 누군가 그 도둑에게 지팡이를 훔쳐 오라고 시킨 모양이야. 그래서 그 도둑에게 지시한 사람으로부터 온 편지를 슬쩍 빼왔지!"

아저씨는 주머니를 톡톡 치며 말했다.

"지팡이를 가져간 사람이 누군지만 알면 다 해결될 거다. 꼬맹아, 기화와 액화 마법도 스스로 해냈으니 오늘은 연습하지 말고 잔치나 벌이자. 하하하."

아저씨가 호탕하게 웃으며 말했다. 사실 피로가 쌓여 움직이기도 힘든 상태였으므로 난 아저씨를 따라 하숙집으로 들어갔다.

아저씨는 품 안에서 편지를 꺼내 거실 탁자 위에 올려놓고 말려 있는 종이를 조금씩 펼쳤다.

그러나 편지를 다 펼치도록 아무것도 발견할 수 없었다.

"이게 뭐야! 아무것도 안 적혀 있잖아? 분명 그 도둑놈이 위에서 온 편지라고 했는데……. 날 속인 거야?"

아저씨는 화가 나서 탁자를 세게 내리쳤다. 그 바람에 편지 근처에 있던 물건들이 편지 위로 와르르 쏟아졌다. 나는 화난 아저씨를 달래며 편지 위로 쏟아진 물건들을 치우기 시작했다. 그런데 조금

전에는 없던 글자가 편지에 보이는 것이 아닌가!

"아저씨! 이거 비밀 편지 같아요! 아까 아저씨가 탁자를 내리쳐서 물건들이 쏟아졌을 때 뭐가 묻었는지 모르겠지만 글자가 나타났어요."

아저씨는 백지였던 편지를 다시 살폈다. 문서에는 뭔가 묻은 자국과 함께 선명한 붉은색으로 '훔친'이란 두 글자가 쓰여 있었다.

우리는 편지에 쏟아졌던 물건들을 살펴보았다. 총 세 가지였는데, 과일 바구니에 담겨 있던 레몬 반쪽과 탁자를 닦다 놓았는지 물기가 묻은 비누, 물컵이었다. 우리는 그 세 물건을 탁자 위에 가지런히 놓고 과연 어떤 것이 묻어 글자가 나타났을지 추리를 시작했다.

"이렇게 된 거 그냥 차례대로 하나씩 묻혀 보는 게 어때요?"

나는 행동을 먼저 하는 성격이라 물컵을 들어 올리며 말했다.

"잠깐! 아직 뿌리지 마라. 이 문서에 쓰인 글은 아마 pH에 따라 반응하게 되어 있는 것 같아. pH가 서로 다른 것이 섞이면 pH가 달라져서 반응을 안 할 수도 있어."

"pH요?"

"영어 약자인데 한글로 번역하면 '수소 이온(H^+) 농도'라는 뜻이지. ★ 산성도라고 생각하면 될 거다."

"산성도요? 혹시 산성비의 그 산성이오? 원래 비는 산성이 아닌데 환경오염 때문에 산성비가 내린다고 했어요."

나는 알고 있는 지식을 총동원하여 말했다.

"그래, 같은 말이야. **산성도는 물질의 특성 중 하나로, 물질마다 산성도가 서로 달라. 산성도는 pH 1~14로 나뉘는데, 1~6까지는 산성, 7은 중성, 8~14까지는 염기성이라고 말하지.**"

"산성도가 편지에 글자가 나타난 것과 무슨 상관이 있어요?

"이 물건들의 산성도가 모두 다르거든. 우선 레몬은 시큼한 맛이 강하지?"

"네, 전 신맛을 안 좋아해서 레몬은 절대 못 먹어요."

나는 마치 레몬을 입에 넣은 듯 몸서리치며 말했다.

"이렇게 신맛이 강한 레몬이나 식초 같은 것들은 pH 2~3 정도의 산성을 나타내. ★ 탄산음료 역시 산성이지."

"전 입안에서 톡톡 튀는 맛이 좋아서 간식을

★ **산성도**
산성의 세기를 나타내는 정도. pH로 나타낸다.

★ **탄산음료**
이산화 탄소를 함유하는 청량음료를 일컫는 말

먹을 때는 늘 탄산음료를 마셔요. 그런데 사이다나 콜라는 시큼한 맛이 없는데도 산성이에요?"

"신맛이 강하지는 않지만, 이산화 탄소가 녹아 있어서 산성을 나타내. 탄산음료를 많이 마시는 건 별로 좋지 않을걸? 강한 산성은 물체를 부식시키거나 녹이거든. 치아도 물론이고 말이지."

아저씨의 말에 나는 두 손으로 입을 가렸다.

"크크크, 너 겁쟁이로구나. 탄산음료 정도의 산성은 너무 많이 마

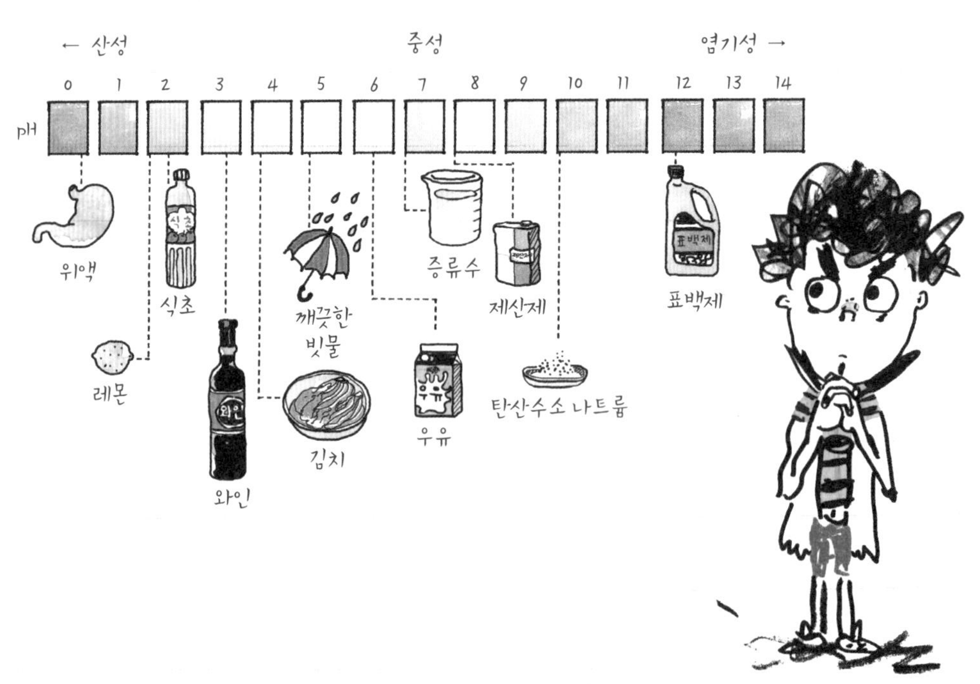

여러 가지 물질의 산성도

시지 않는 이상 괜찮으니까 걱정하지 마."

아저씨는 내 반응을 보고 웃으며 말했다. 그리고 다시 비누를 집어 들고 설명을 계속했다.

"그리고 이 비누는 산성의 정반대인 염기성이야."

"염기성이오?"

"그래. 염기성은 pH 8 이상을 말하는데, 비누같이 우리가 세척할 때 쓰는 제품들이 거의 강염기성이지."

"그럼 물은요?"

"물은 중성이란다. 산성과 염기성의 딱 중간에 위치한 pH 7이지."

"그렇군요. 그런데 왜 아무거나 묻혀 보면 안 되는데요?"

"세 물건의 산성도가 다르기 때문이야. 처음에 묻혀 본 게 맞지 않을 경우 위에 다른 것을 덧바르면 서로 섞여서 pH가 달라질 수 있어. 그럼 반응이 일어나지 않겠지?"

나는 아저씨의 말에 고개를 끄덕였다.

"그렇다면 이 문서의 글자가 산성, 중성, 염기성 중 어느 것에 반응했는지 먼저 알아내야겠군요. 그리고 어떤 걸로 보이지 않는 글씨를 썼는지도 알아야 하고요."

"그렇지. 아마 범인은 ★ 지시약으로 글을 썼을 거야."

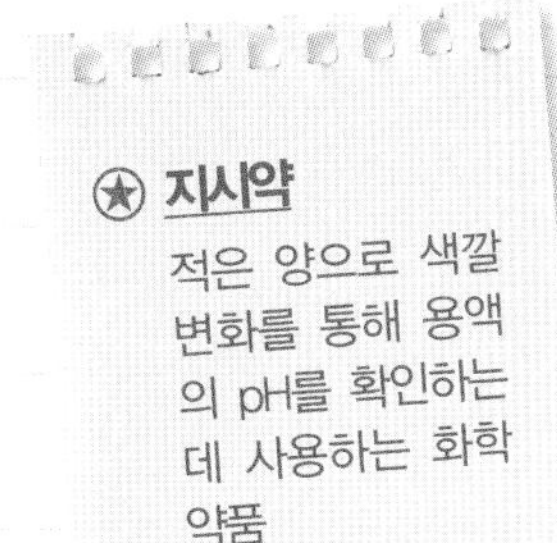

★ 지시약
적은 양으로 색깔 변화를 통해 용액의 pH를 확인하는 데 사용하는 화학 약품

"지시약이오?"

"pH에 따라 색깔이 변하는 화학 약품이야. **지시약으로 썼다면 산성인 레몬, 중성인 물, 염기성인 비눗물 중 하나에 반응해 색깔이 변하겠지.**"

"그럼, 지시약을 사서 레몬, 물, 비눗물 중 어떤 것에 반응했는지 알아보면 되겠네요."

나는 당장이라도 가게에 갈 요량으로 벌떡 일어서며 말했다.

"그렇게 쉬운 일이 아니야. 지시약의 종류가 엄청나게 많거든. 20가지도 넘을걸?"

"하지만 납치 사건도 그렇고, 지팡이 도둑 사건도 그렇고, 모든 게 이 항구 도시 안에서 일어났어요. 제가 생각하기에 범인은 이 항구 도시 안에서 구할 수 있는 지시약을 이용해 글을 썼을 게 분명해요."

내 말에 아저씨는 잠시 생각에 잠긴 듯 하다가 다시 말을 이었다.

"흠…… 그럴듯한 추론이구나. 이 항구 도시는 화학 약품이 발달한 곳이 아니라 이곳에서 구할 수 있는 지시약이라면 양배추 지시약, 만능 지시약, 페놀프탈레인 지시약, BTB 지시약 네 종류밖에 없거든. 그럼 필요한 물건을 챙겨 줄 테니 지금부터 나가서 찾아보도록 하자."

아저씨는 가방에 레몬과 비누, 물병, 마법 세계에서 쓰이는 금화

양배추 지시약	자주색 양배추를 우려내서 만든 지시약으로, 붉은 보라색을 띤다.
만능 지시약	pH에 따라 다양한 색이 나타나는 시약으로, 짙은 초록색이다.
페놀프탈레인 지시약	무색 투명한 액체로, 염기성에서 붉은색으로 변한다.
BTB 지시약	초록색의 액체로, 산성에서는 노란색, 중성에서는 초록색, 염기성에서는 파란색을 나타낸다.

몇 개, 그리고 비커를 함께 넣어 주었다.

"자, 이 정도 금화면 지시약 네 병 정도는 살 수 있을 거다. 나도 따로 찾아볼 테니, 그것들로 어떤 지시약이 쓰인 건지 알아보고 다시 이곳에 모이기로 하자."

나는 하숙집을 나와 시장으로 향했다. 벌써 날이 어두워지고 있었다. 시장의 가게들이 문을 닫기 전에 모두 돌아봐야 했기 때문에 발걸음을 빨리 했다. 마법 대회에 참가한 후 주로 하숙집과 공터만을 오갔지만 그동안 마을의 지리를 조금씩 익혀 두었다.

나는 항구에서 가장 큰 시약 가게로 갔다. 그리고 그곳의 점원으로 보이는 사람에게 달려갔다.

"여기 혹시 산성도에 반응하는 지시약 있나요?"

"흠, 산성도라. 요즘에 그걸 찾는 사람은 네가 처음이구나. 원래 잘 팔리는 물건이 아니어서 구석 어딘가에 뒀을 거야."

점원 누나는 익숙하게 가게 가장 안쪽의 물품 창고로 날 안내했다. 물품 창고는 정리되지 않아 어수선했다. 점원 누나는 곧 유리병 하나를 꺼냈다.

"여기 있네, BTB 지시약. 금화 하나만 내."

나는 금화 하나를 내고는 BTB 지시약을 건네받았다. 아저씨가 말한 네 가지 지시약 중 하나였다.

나는 가방에서 비커를 꺼내 BTB 지시약을 조금 부었다. BTB 지시약은 투명한 초록색으로 아무 냄새도 나지 않았다. 나는 가게 구석에 앉아 레몬과 물, 비눗물을 꺼냈다.

"오호, 꼬마 마법사님이 산성도 실험을 하려는 건가?"

가게 구석에 앉아 실험 준비를 하자 점원 누나는 흥미롭다는 듯 내가 실험하는 것을 지켜보았다. 나는 그녀의 시선을 무시하고 BTB 지시약을 넣은 비커에 레몬 즙을 짜 넣었다. 그러자 신기하게도 초록색이던 지시약은 점점 옅은 노란색으로 변했다.

"흠, 노란색이군. BTB 지시약이 노란색으로 변했다는 건 산성이란 말이지."

내 실험을 지켜보던 점원 누나가 말했다.

"제가 찾는 색이 아니에요."

나는 물병 뚜껑을 열고 옅은 노란색으로 변한 BTB 지시약에 물을 부으려고 했다.

"안 돼! 꼬마 마법사님이 뭘 하려는 건지는 모르겠지만, 산성인 레몬을 넣어 색깔이 변한 지시약에 다른 걸 넣으면 전혀 다른 반응이 나온다고. 제대로 된 실험을 하려면 새 지시약을 써야지."

내 행동을 지켜보던 점원 누나가 물을 부으려던 내 손을 막으며

말했다. 그 말을 듣자 서로 pH가 다른 용액이 섞이면 pH가 변한다는 아저씨의 말이 떠올랐다.

"아! 깜빡할 뻔했어요. 고맙습니다."

"뭘 이런 걸 가지고. 자, 색깔이 변한 BTB 지시약은 내게 줘. 내가 버려 줄게."

점원 누나는 비커를 깨끗이 씻어 물기 하나 없이 내게 다시 가져다 주었다. 나는 점원 누나의 도움을 받아 물과 비눗물을 각각 초록색 BTB 지시약에 넣어 무슨 색깔로 변하는지 지켜보았다. 물을 넣었을 때는 연한 초록색으로 별다른 변화가 없었고, 비눗물을 넣었을 때는 파란색으로 변했다. 다 내가 원하는 색깔이 아니었다.

"음, 이 지시약은 아닌가……."

실험을 끝낸 내가 힘없이 말했다.

"흠, 꼬마 마법사님이 따로 찾는 지시약이 있나 보군. 아까도 찾던 색깔이 아니라고 하던데, 뭘 찾는 건지 내게 말해 줄 수 있어?"

"산성, 중성, 염기성 셋 중 하나에 붉게 변하는 지시약을 찾고 있어요."

"오호, 그렇다면 만능 지시약이나 양배추 지시약을 찾는 거구나. 페놀프탈레인 지시약은 산성이나 중성에서는 투명하고, 염기성에서는 붉은색이 아닌 보라색으로 변하니까 말이야."

점원 누나가 명쾌하게 말했다.

“보라색이면 연한 보라색인가요?”

“붉은색에 가까운 보라색이긴 하지.”

“그 지시약들을 모두 여기에서 살 수 있나요?”

지시약 후보 넷 중 하나가 사라져 약간 실망하고 있던 내가 물었다.

“아니. 우리 가게는 BTB 지시약과 페놀프탈레인 지시약밖에 없어. 여기에서 좀 더 아래쪽으로 내려가 골목으로 들어가면 ‘만능 물약상’이란 가게가 있어. 그곳이라면 만능 지시약이나 양배추 지시약을 팔 거야.”

“누나, 페놀프탈레인 지시약도 판다고 하셨죠? 그건 얼마예요?”

“그것도 금화 하나. 살래?”

"네. 혹시 모르니까 주세요."

"여기 있어. 두 개 사니까 조금 깎아 줄게."

"고맙습니다."

나는 재빨리 실험 도구들을 다시 가방에 챙겨 어깨에 멨다. 그리고 감사 인사를 한 후 점원 누나가 말했던 길을 따라 내려갔다. 그러자 사람이 거의 없는 어두운 골목 하나가 나타났다. 조금은 겁이 났지만 용기를 내고 골목으로 들어서자 점원 누나가 말해 준 '만능 물약상'이란 간판이 보였다. 20년은 청소를 안 한 듯 지붕 밑에 거미줄이 쳐 있었고, 간판은 기울어 떨어질 것 같았다. 이곳이 맞는지 의문이 들 정도였다.

나는 삐걱거리는 문을 열고 먼지가 가득 떠다니는 어두운 가게 안으로 들어섰다.

"저기요……? 지시약을 사러 왔는데요……."

가게 분위기에 소심해진 나는 작은 목소리로 말했다. 그러나 아무 대답도 돌아오지 않았다.

"저기요오?"

"무슨 일이야!"

"으아아!"

아무도 없는 줄 알았던 가게 구석에서 먼지를 휘날리며 누군가 갑자기 나타나자 나는 귀신을 본 것처럼 놀라 뒤로 자빠질 뻔했다. 그런 나에게 가게 주인인 듯한 할머니가 천천히 다가왔다.

"무슨 일이니, 아가야?"

"저어…… 만능 지시약이랑 양배추 지시약을 사러 왔는데요……."

"그래? 내 찾아주마."

주인 할머니는 보기와는 다르게 굉장히 친절했다. 나는 가게 깊숙이 들어가는 할머니를 따라갔다.

"자, 이게 만능 지시약이다. 그리고 이게 양배추 지시약인데……. 흠, 이건 안 되겠구나."

할머니는 작은 병에 든 짙은 초록색 지시약과 연한 보라색의 지시약을 건네며 말했다.

"네? 왜 안 된다는 거예요? 저 돈은 넉넉히 가져왔어요."

"아니, 그런 문제가 아니다. 이 양배추 지시약은 너무 오래되어 상한 것 같구나."

"지시약이 상해요?"

할머니의 말에 내가 되물었다.

"그래, 이 양배추 지시약이란 건, 우리가 먹는 자주색 양배추를 이용해 만드는 지시약이라 오래되면 상해 버리거든. 우선 만능 지시약부터 받거라."

나는 만능 지시약 병을 받아들었다.

"저, 그럼 양배추 지시약을 파는 다른 가게는 없나요?"

양배추 지시약으로 비밀 편지를 썼을 수도 있으므로 급한 마음에 내가 물었다.

"흠, 아마 없을 게다. 내가 만드는 방법을 알고 있기는 한데……."

"네? 만드는 방법을요? 알려 주세요. 부탁드려요."

"음…… 그렇다면 내 부탁을 하나만 들어 주거라."

"뭔데요, 할머니?"

할머니는 말없이 나를 가게 안쪽의 작은 방으로 데리고 들어갔다. 방안에는 세 개의 커다란 드럼통이 놓여 있었다.

"이 드럼통들은 가게에서 시약들을 만들며 남은 찌꺼기들을 모아 놓은 폐기물 통이란다. 산성은 산성끼리, 염기성은 염기성끼리, 중성은 중성끼리 모아 놓기는 했는데, 어떤 게 산성 물질이 든 통이고 염기성 물질이 든 통인지를 잊어버렸지 뭐냐. 직접 지시약으로 실험을 하려니 눈이 침침해 잘 뵈지도 않고. 그런데 이걸 버리려면 모

두 pH 7의 중성으로 만들어 버려야 하거든. 네가 이걸 도와 줬으면 좋겠구나."

할머니의 말에 나는 내 가방 안에 든 BTB 지시약과 페놀프탈레인 지시약이 떠올랐다. 그중 BTB 지시약만 있으면 산성, 중성, 염기성을 가리는 일은 금방이었다. 그런데 산성과 염기성을 모두 중성으로 만드는 것은 어떻게 해야 하는지 알 수 없었다.

"저, 할머니 죄송한데, 산성과 염기성을 어떻게 중성으로 만들어요?"

"오? 꼬마 마법사님은 아직 pH가 다른 것끼리 섞는 걸 안 배웠나?"

할머니는 친절하게 웃으며 물었다.

"아! 그건 알아요. pH가 다른 것끼리 섞이면 전혀 다른 pH가 나온다고 들었어요. pH 1의 산성과 pH 7의 중성이 섞이면 1도 7도 아닌 8이 나오는 것처럼요."

"하하하, 아직 완벽하게 배우진 않았구나. pH 1과 pH 7의 용액이 섞이면 1도 7도 아닌 pH가 나오는 것은 맞지. 그러나 1과 7 사이의 pH가 나온단다. 그 이상이나 이하가 나오진 못해."

"아! 알겠어요! 그렇다면 pH가 낮은 산성과 pH가 높은 염기성을 섞으면 그 중간 수인 중성이 나온다는 거군요."

"그래, 맞다. 꼬마 마법사님이 이해한 거 같으니 이 할미는 나가 있으마."

나는 할머니에게 웃음을 지어 보이고, 가방에서 비커와 BTB 지시약을 꺼냈다. 그리고 한 줄로 늘어선 드럼통 중 첫 번째 드럼통의 뚜껑을 열었다.

폐기물이라고 하길래 폐유와 같은 시커먼 용액이 들어 있을 거라고 생각했다. 그러나 드럼통 안에는 투명한 물이 들어 있었다. 나는 그 모습에 안심하며 비커로 드럼통 안의 물을 뜨려고 했다.

"내가 깜빡하고 스포이트를 안 주고 왔네……. 아이고, 꼬마야! 안 돼!"

막 비커를 드럼통에 집어넣으려는 순간 뒤에서 들려온 할머니의

외침에 깜짝 놀라 뒤를 돌아봤다.

"무슨 일이세요, 할머니?"

"중성이면 몰라도 산성이나 염기성일지도 모를 폐기물 통에 맨손을 집어넣으려고 하다니! 네가 얼마나 위험했는지 아니?"

할머니는 나긋나긋하지만 매섭게 쳐다보며 날 꾸짖었다.

"산성이랑 염기성이 그렇게 위험한 건가요? 그렇지만 산성인 탄산음료는 마실 수도 있고, 염기성인 비누로는 세수도 하잖아요."

"물론 그렇지. 그것들은 약한 산성과 염기성이니까. 그런 것들을 약산성, 약염기성이라고 하는데, 저 폐기물들은 달라. 매우 강한 산성 물질과 강한 염기성 물질이 들어 있으니까 말이야."

"겉보기엔 그저 투명해서 전혀 위험하다고 느끼지 못했어요."

"아주 위험하단다. 강한 산성과 염기성 물질을 맨손으로 만지면 심한 화상을 입어. 살이 녹을 수도 있다고! 내가 스포이트를 주러 오지 않았다면 네 손을 못 쓰게 되었을 수도 있을 게다."

할머니의 말에 난 통에 집어넣으려 했던 오른손을 얼른 움츠렸다. 정말 큰일 날 수도 있던 상황이었다. 내가 잔뜩 겁에 질려 있자 할머니는 가게 안에서 가져온 스포이트와 안전 장갑 하나를 건네주었다.

"자, 이 장갑을 끼고 스포이트로 액체를 조금만 비커에 덜어 내어 실험하면 안전할 게다. 그리고 산성 용액과 염기성 용액이 만나면 열이 발생하여 온도가 갑자기 올라가니까 서로 섞이지 않도록 하고. 위험한 실험을 하는 거니 꼭 조심해야 한다."

할머니는 내게 신신당부하고 다시 방을 나갔다.

나는 떨리는 마음을 진정하고, 할머니가 준 장갑을 끼고 스포이트로 드럼통 안의 용액을 덜어 내어 비커에 담았다. 그리고 BTB 지시약을 떨어뜨렸다. 그러자 투명했던 색은 점차 짙은 파란색을 띠기 시작했다. 염기성이란 말이었다. 그러나 비눗물에 떨어뜨렸을 때보다 훨씬 짙은 파란색을 띠어 얼마나 강한 염기성인지 알 수 있었다.

첫 번째 드럼통의 실험을 마치고 비커를 깨끗이 씻은 후 두 번째 드럼통을 열었다. 두 번째 드럼통 안의 내용물도 첫 번째 드럼통과 같은 투명한 용액이었다. 나는 조심조심 스포이트로 용액을 떠서 비커에 옮겼다. 그리고 다시 가지고 있던 BTB 지시약을 떨어뜨렸다. 그러자 이번엔 옅은 초록색을 띠었다. 물을 넣었을 때와 같은 반응이니 중성이 틀림없었다.

그렇다면 자동적으로 세 번째 드럼통에는 산성 폐기물이 들어 있을 것이다.

"두 번째 드럼통을 제외하고 강염기성의 첫 번째 폐기물과 강산성의 세 번째 폐기물을 비슷한 양씩 섞으면 중성이 나오겠군."

나는 할머니께 첫 번째와 세 번째 드럼통 안의 내용물을 섞어 버리면 된다고 알려드렸다. 그리고 약속대로 할머니는 양배추 지시약을 만드는 방법을 일러 주었다.

"감사합니다! 안녕히 계세요, 할머니."

만능 지시약을 들고 아저씨가 기다리고 있을 하숙집에 들어섰다.

"아저씨! 저 왔어요!"

"꼬맹이 왔냐?"

"네! 이건 BTB 지시약인데, 실험 결과 붉은색으로 변하지 않았어요. 이건 페놀프탈레인 지시약인데 산성과 중성에서는 투명하고, 염기성에서는 붉은 보라색으로 변한대요. 이건 만능 지시약이에요."

나는 지금까지 알게 된 내용을 아저씨한테 간추려 설명했다.

"음? 그런데 하나가 비는데? 양배추 지시약은 어디 있니?"

"아, 그건 못 사왔어요. 그 대신 만드는 방법을 알아왔죠."

나는 만능 물약상의 주인 할머니가 알려 준 방법을 떠올리며 말했다. 양배추 지시약을 만들기 위해서는 재료가 필요했다. 우리는 하숙집 부엌으로 갔다. 그리고 냉장고에서 자주색 양배추를 꺼내고, 양배추를 썰 때 필요한 도마와 칼을 꺼냈다.

"자, 아저씨는 이 양배추를 가늘게 채 썰어 주세요."

칼을 잘 다루지 못하는 나는 아저씨에게 칼을 건네며 말했다.

"이걸 채를 썰면 된다, 이거지?"

칼을 건네받은 아저씨가 물었다.

"네! 전 물을 끓일게요."

아저씨는 엉성하긴 했지만 빠르게 채를 썰었다. 나는 아저씨 옆에서 비커에 물을 받아 끓였다. 그리고 아저씨가 양배추를 다 썰자 난 그것을 끓는 물에 넣었다.

"뭐야, 이게 끝이냐, 꼬맹아?"

양배추가 끓어 가는 것만 보고 있자 답답한 아저씨가 말했다.

"네, 이제 끓는 물에 자주색 양배추의 색이 빠져나올 때까지 기다리기만 하면 돼요!"

"되게 간단하구나."

양배추 지시약을 만드는 방법이 생각보다 너무 간단하자 아저씨는 더 이상 볼 것이 없다는 듯, 방에서 투명한 유리판과 스포이트, 그리고 내가 사온 만능 지시약을 가지고 왔다.

"꼬맹아, 양배추 지시약은 다 끓었냐?"

가져온 실험 도구들을 식탁 위에 펼치던 아저씨가 물었다.

"네! 거의 다 된 것 같아요."

"잘 됐구나. 그럼 여기서 바로 실험을 하자. BTB 지시약은 아니라고 했으니 남은 건 페놀프탈레인 지시약과 양배추 지시약, 만능 지시약 맞지?"

"네!"

나는 고개를 끄덕이며 대답했다.

아저씨는 유리판 위에 일정한 간격을 두고 스포이트를 이용하여 레몬즙과 물, 비눗물을 몇 방울씩 떨어뜨렸다. 그리고 그 위에 다시 스포이트로 투명한 페놀프탈레인 지시약을 한 방울씩 떨어뜨렸다. 그러자 비눗물은 붉은 보라색으로 변했고, 물과 레몬즙은 무색으로 아무런 변화가 없었다.

"역시 붉은 보라색이네요. 그래도 편지에서 본 색깔과 비슷하지

레몬즙 물 비눗물

페놀프탈레인 지시약

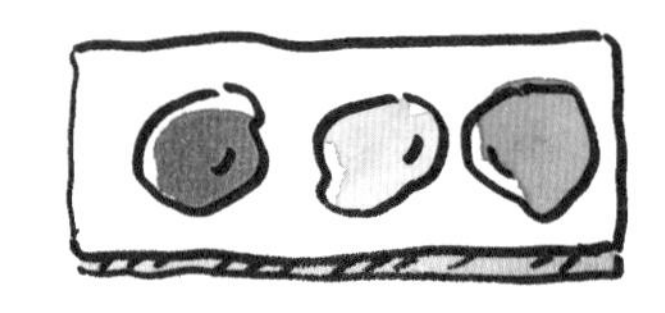

레몬즙 물 비눗물

만능 지시약

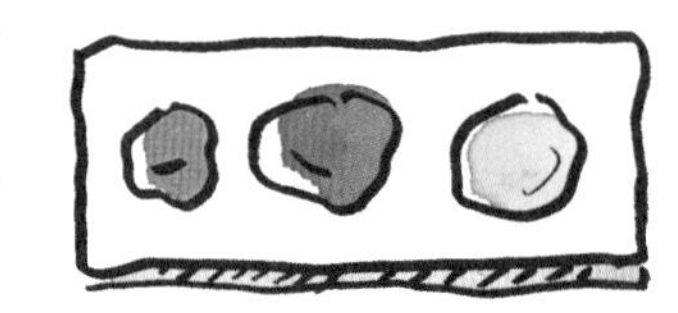

레몬즙 물 비눗물

양배추 지시약

않아요?"

"그렇구나, 하지만 아직 단정짓지 말아라. 만능 지시약과 양배추 지시약이 어떤 색깔로 변하는지 모르니까 말이다."

이번에는 새로운 유리판에 레몬즙과 물, 비눗물을 몇 방울씩 떨어뜨린 후 그 위에 짙은 초록색인 만능 지시약을 한 방울씩 떨어뜨렸다. 그러자 레몬즙은 붉은색으로 변했고, 물은 노란색, 비눗물은 파란색으로 변했다.

"아저씨! 붉은색이에요! 만능 지시약이 산성인 레몬즙에 붉게 변했어요."

"그렇긴 하지만 지시약 색깔이 너무 짙어서 그걸로 글을 썼다면 표시가 나지 않을까?"

아저씨의 말이 일리가 있었다.

"아저씨, 양배추 지시약이 다 되었어요."

나는 불을 끄며 말했다. 그러자 아저씨는 만능 지시약으로 실험했던 스포이트와 유리판을 깨끗하게 닦고, 다시 레몬즙과 물, 비눗물을 순서대로 유리판 위에 떨어뜨렸다. 그리고 보라색을 띤 양배추 지시약을 스포이트로 빨아올려 레몬즙과 물, 비눗물 위에 차례대로 떨어뜨렸다. 그 결과 레몬은 붉은색, 물은 파란색, 비눗물은 초록색으로 변했다.

"아저씨, 이것도 붉은색으로 변했어요. 그러니까 비밀 편지를 쓴 범인은 만능 지시약과 양배추 지시약 중 하나를 이용한 것이 분명해요."

"흠, 그런데 이 양배추 지시약은 짙은 보라색이잖아. 이것 역시 글을 쓰면 보일 것 같은데?"

아저씨의 말대로 양배추 지시약은 자주색 양배추의 색을 우려내어 만든 지시약이어서 짙은 보라색을 띠었다. 내가 보기에도 이런 색깔의 지시약으로 글을 쓴다면 바로 보일 것 같았다.

"그럼, 범인은 무색인 페놀프탈레인 지시약으로 글을 쓴 거겠네요. 투명한 용액을 써야 흔적이 남지 않을 테니까요. 그리고 페놀프탈레인 용액으로 쓰인 비밀 편지는 비눗물의 염기성에 반응해서 붉은 보라색으로 변한 거였어요!"

드디어 밝혀진 비밀에 나는 환호하며 말했다.

"자, 비눗물로 비밀 편지의 글자들을 찾아내 보자."

아저씨와 나는 비눗물을 가지고 비밀 편지가 있는 하숙방으로 갔

다. 그리고 비밀 편지를 탁자 위에 펼치고 가져온 비눗물을 솔로 살살 묻혔다. 그러자 예상대로 붉은 글자들이 하나하나 모습을 드러냈다.

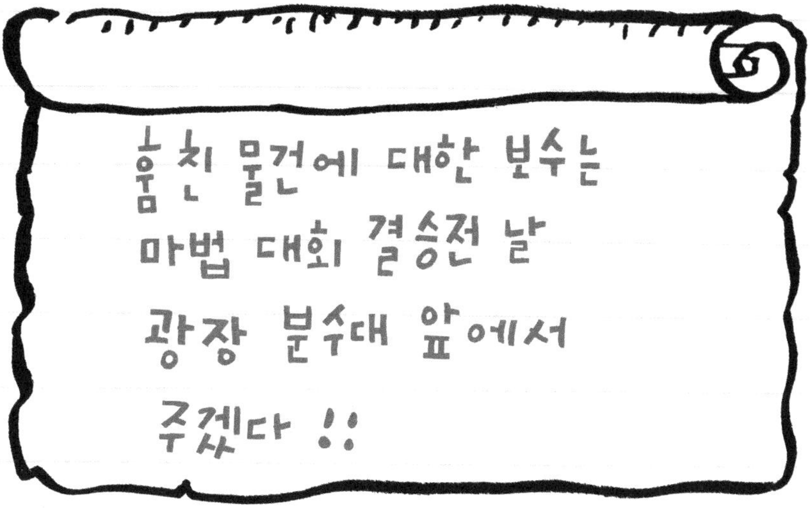

훔친 물건에 대한 보수는
마법 대회 결승전 날
광장 분수대 앞에서
주겠다 !!

분자 마법 퀴즈 7

우리 주변에서 볼 수 있는 산성 물질에는 어떤 것들이 있나요?

지시약이란 화학 반응에서 일정한 상태 또는 변화를 나타내는 시약을 말합니다. 지시약에는 여러 종류가 있는데, 산염기 지시약은 우리가 가장 흔히 알고 있는 지시약 중 하나이지요.

산염기 지시약은 어떤 원리로 산과 염기를 구분할 수 있을까요?

산염기 지시약은 그 자체가 약한 산 또는 약한 염기를 띠고 있어요. 그리고 산염기 지시약을 이루고 있는 분자는 산성형이냐 염기성형이냐에 따라 색깔이 달라요. 따라서 외부의 pH 조건이 급격히 변하면 지시약 분자는 산성형이나 염기성형으로 바뀌게 되고, 그에 따라 색깔이 나타난답니다.

산염기 지시약에는 페놀프탈레인 용액, 리트머스 종이, pH 시험지, BTB 용액 등이 있어요.

페놀프탈레인 용액은 무색으로 pH 8.2~10.0, 즉 염기성에서 붉은색으로 변해요. 산성과 중성 상태에서는 변화가 없고요. 따라서 염기성인지 알아볼 때 사용할 수 있겠지요.

BTB 용액은 초록색의 액체이며, 산성(0~6.2)일 때 노란색, 중성일 때 초록색(6.2~7.6), 염기성(7.6~14)일 때 파란색을 띤답니다.

이러한 인공적인 용액 외에 지시약으로 사용되는 천연 재료들이 있는데, 대부분의 꽃 즙이 지시약의 역할을 해요.

빨간 장미꽃잎을 막자사발에서 콩콩 찧어 짜 낸 즙을 물로 희석한 후,

산성인 식초를 한 방울 떨어뜨리면 붉게 변하는 것을 관찰할 수 있어요. 또 식초 대신 염기성인 양잿물을 한두 방울 넣으면 초록색으로 바뀐답니다.

장미꽃잎 외에도 자주색 양배추, 포도 껍질, 제비꽃, 철쭉, 나팔꽃, 당근 등도 리트머스 대용으로 쓸 수 있어요.

양배추 지시약은 자주색 양배추를 이용하여 쉽게 만들 수 있어요. 자주색 양배추를 즙으로 짜도 되지만, 물에 넣고 끓이면 색소가 쉽게 빠져나오므로 주로 이 방법을 이용하지요. 색소가 진하게 우러나도록 끓인 용액에 여러 pH의 용액을 넣으면 다양한 색깔이 나타나는 것을 볼 수 있어요.

양배추 지시약 만들기

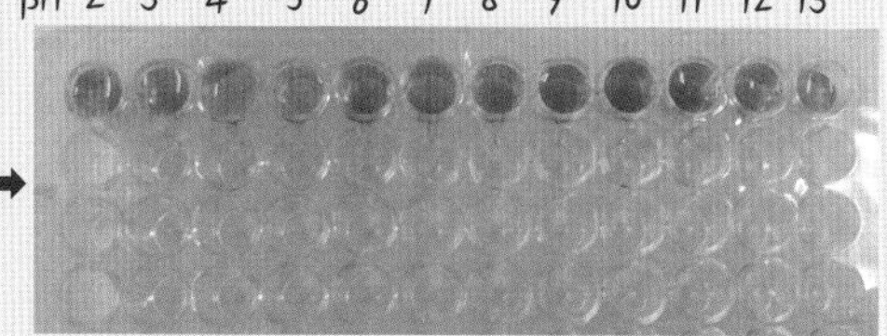

용액의 pH에 따른 양배추 지시약의 반응

"결승전 날이라니, 그럼 바로 내일이잖아?"

아저씨가 외쳤다.

"그럼 전 어떡하죠? 경기를 포기하고 아저씨와 같이 갈까요? 지팡이를 찾는 게 더 중요하잖아요."

"아니야, 그 사람을 놓칠 수도 있잖아. 그렇게 되면 우승 트로피만이 지팡이를 되찾을 희망이 된다고. 넌 우선 경기장에 가거라. 이 시간에 맞춰 내가 분수대 앞에서 대기하고 있으마."

나는 고개를 끄덕였다.

그러고 보니 본선 경기에서 받은 보라색 연기가 가득 든 유리병이 무엇인지 알아봐야겠다고 생각하고는 비밀 편지 해독에 정신이 팔

려 아무 조사도 하지 못했다. 나는 침실 서랍에서 보라색 연기가 가득 든 유리병을 꺼냈다.

"사회자가 결승전에 이게 꼭 필요하다고 했어요. 이게 도대체 뭘까요?"

아저씨는 유리병 안에 들어 있는 보라색 연기를 살피기 시작했다.

"오! 이거 ㊍ 요오드(아이오딘) 가스 같은데?"

"요오드 가스요? 그게 뭔데요?"

★ 요오드
흑자색의 고체로, 승화성이 큰 물질. 녹말을 검출할 때 사용된다.

"아주 신기한 물질이지. 일반적으로 물질은 기체에서 액체, 액체에서 고체로 변하거나 그 반대의 순서대로 변하는데, 이 요오드는 중간 과정이 없어. 액체 상태가 없거든."

"액체가 없다고요? 그럼 기체에서 바로 고체로 변한다는 말씀이세요?"

"그래. **요오드는 기체에서 바로 고체가 되거나, 고체에서 바로 기체가 되지. 그런 걸 승화라고 한단다.**"

"아! 저 본 적이 있었던 것 같아요. 제 생일날 아이스크림 케이크 상자에 드라이아이스가 같이 들어 있었거든요. 겉보기에는 얼음이랑 아주 비슷한데 얼음처럼 녹지 않고 연기만 나오다가 점점 작아졌어요."

아이스크림 케이크를 떠올리다 보니 그때의 기억이 나면서 다시금 엄마가 사무치게 보고 싶어졌다.

"호, 바로 기억해 냈구나. 드라이아이스도 요오드처럼 액체 과정 없이 승화하거든. 그런데 그 승화라는 게 실생활에서는 웬만해서 보기 힘들어. 자연 상태에서 볼 수 있는 예는 겨울철 유리창에 얼음이 끼는 성에나 서리 정도를 들 수 있을 거다."

"하긴 저도 액화나 기화는 이곳저곳에서 많이 본 것 같은데, 승화는 거의 기억이 없어요. 왜 그런 거죠? 응고나 융해, 액화와 기화처럼 승화 역시 액체, 기체, 고체의 상태 변화잖아요."

성에

서리

"꼬맹아, 액화나 기화가 응고나 융해보다 더 많은 에너지를 필요로 한다고 말했었지? 그런데 생각해 보거라. 승화는 액체라는 단계를 건너뛰어 기체가 바로 고체가 되고, 고체가 바로 기체가 되지. 그러니 얼마나 많은 에너지가 필요하겠어? 따라서 자연 상태에서는 승화가 일어나기 힘들지."

"그럼 승화 마법은 엄청나게 강하겠네요! 액화와 기화 마법도 융해와 응고 마법보다 강했잖아요!"

"물론 그렇지. 꼬맹이 너는 죽었다 깨어나도 승화 마법을 쓰지 못할걸?"

아저씨는 승화 마법을 써 보고 싶다는 내 맘을 읽은 듯 놀리며 말했다.

"저도 할 수 있어요! 제가 마법에 재능이 있는 것 같다고 말씀하셨잖아요."

나는 심통이 나 외쳤다.

"그야 물론 마법을 얼마 배우지도 않고 액화와 기화 마법을 썼으니까. 그러나 거기까지다. 승화 마법은 아주 강력하고 배우기 힘들어서, 쓸 수 있는 마법사는 손가락으로 셀 수 있을 정도야. 그러니 딴 생각 말고 내일 결승전 준비나 하거라."

아저씨는 내 볼을 가볍게 꼬집고는 자기 방으로 들어갔다. 그 말을 들으니 나는 승부욕이 더 생겨 꼭 승화 마법을 성공시키겠노라 다짐하며 잠들었다.

드디어 마법 대회의 결승전 날이 되었다. 나는 광장 분수대 앞에서 아저씨와 헤어져 혼자 경기장에 입장했다.

"드디어 마지막이다. 얍!"

나는 기합을 넣고 몸에 힘을 주어 등을 곧게 세웠다. 그리고 당당히 경기장 안으로 들어섰다. 경기장 안은 이미 엄청난 관중들이 입장해 있었고, 나를 제외한 두 명의 선수는 경기장 가운데에 서 있었다.

"자, 이로써 세 명의 선수가 모두 입장했습니다. 제143회 마법 대회 결승전을 시작하겠습니다!"

사회자의 말이 떨어지자마자 귀가 먹먹할 정도의 함성이 관중석에서 터져 나왔다.

“이번 대회의 마지막 미션을 발표하겠습니다. 모두들 본선에서 획득한 물건들을 가져오셨지요?”

사회자의 물음에 나는 주머니에서 요오드 가스가 든 유리병을 꺼냈다. 그런데 두 선수는 나와 다른 물건을 꺼냈다. 루나는 소금 같은 것이 가득 든 병을 꺼냈고, 멀린이라는 늙은 마법사는 새까만 액체가 든 병을 꺼냈다.

“선택한 선인장에 따라 서로 다른 재료가 든 유리병을 받으셨을

겁니다. 이번 미션은 바로 손에 든 그 재료로 한 시간 안에 가장 아름다운 보석을 만들어 내는 것입니다."

사회자의 말이 끝나자 세 선수 앞의 바닥이 열리며 온갖 종류의 실험 도구들이 가득한 책상이 각각 나왔다. 책상 위에는 아저씨의 트렁크에서 본 삼각플라스크와 비커, 스포이트, 알코올램프는 물론이고, 학교 과학실에서 보지 못했던 온갖 종류의 실험 도구들이 놓여 있었다.

"앞에 놓인 실험 도구 중 어떤 것을 사용하셔도 좋습니다. 물론 마법을 쓰는 것도 가능합니다."

사회자는 세 선수를 둘러보며 확인하듯 설명했다.

"그럼, 경기 시작하겠습니다!"

이번 미션은 이전의 미션들보다 자유로웠지만 해결 방법을 찾기 힘들었다. 하지 말라고 하는 것이 많으면 많을수록 내가 해야 할 것은 쉽게 눈에 보였다. 하지만 이번에는 모든 방법을 열어 주었기 때문에 해결 방법을 찾는 것이 사막에서 바늘 찾기와 같이 느껴졌다.

머리가 어지러워지자 우선 어떻게 보석을 만드는가보다는 '보석'이라는 말에 집중했다. 보석하면 떠오르는 것은 딱딱하고 반짝이는 것이었다.

"그럼 이 가스를 고체로 만들면 될까?"

나는 조용히 혼잣말을 하며 어젯밤에 아저씨가 말한 승화 마법에 대해 생각했다. 그리고 지팡이를 들어 요오드 가스의 흩어져 있는 분자들이 질서정연하게 모이는 것을 생각하며 휘둘렀다. 그러나 아무 일도 생기지 않았다. 승화 마법에 실패한 것이다. 기화 마법도 몇 번의 실패 후 성공했기 때문에 실망하지 않고 다시 몇 번을 도전했지만, 정말 아무 변화도 생기지 않았다.

"호호호, 너 정말 운이 없구나. 다섯 개나 되는 선인장 중에 하필이면 요오드 가스가 든 선인장을 고르다니."

내가 승화 마법에 연달아 실패하고 새로운 방법을 생각하지 못한 채 우물쭈물하자 옆에 있던 루나가 웃으며 말했다.

"내가 너보다 나이도 더 많은 것 같은데, 처음 보는 사이에 그게 무슨 말이야?"

나는 올라오는 화를 애써 참으며 최대한 차분히 대답했다.

"흥, 나이가 무슨 상관이람, 꼬맹이 주제에. 보아 하니 너 되지도 않는 승화 마법 같은 걸로 그 요오드 가스를 고체로 만들려고 하는데 잘 안 되는 거 아냐?"

루나의 무례함에 반박하고 싶었지만 내 마음을 들킨 것 같아 나는 루나의 두 눈만 응시했다. 루나는 싱긋 웃으며 말을 이었다.

"그런데 그거 알아? 어쩌다 운이 좋아서 승화 마법이 성공해도 유리병 속에 든 요오드 가스를 승화시키면 유리병이 에너지를 이기지 못하고 '뻥' 터져 버릴걸? 그리고 안에 있는 가스는 다 날아가 버리겠지. 크크크……. 하필이면 가장 다루기 어려운 걸 선택하다니 너 운도 지지리 없구나."

루나는 까르르 웃으며 자기 자리로 돌아가 유리병의 뚜껑을 열고 실험 준비를 했다.

"반드시 너만은 이기고 말겠어."

솔직히 아저씨가 범인을 잡아 지팡이를 되찾을 수 있을 거라 믿었기 때문에 결승전을 꼭 승리하겠다는 마음은 없었다. 그러나 딱 봐도 나보다 어려 보이는 꼬마의 놀림에 전의가 불타올랐다.

그리고 다시 요오드 가스에 승화 마법을 쓰려는 순간 루나의 말이 걸렸다. 유리병 안의 요오드 가스에 승화 마법을 걸면 유리병이 깨질 수도 있다는 말이 일리가 있다는 생각이 들었다.

"흠, 승화 마법이 아니면 어떻게 요오드 가스를 고체로 만들지? 액체나 기체는 보석이라고 보기 어렵잖아……."

도통 좋은 방법이 떠오르지 않자 내 시선은 자연스럽게 다른 선수들에게 갔다.

멀린이란 할아버지 마법사는 유리병 안의 검은색 액체를 평편한 유리그릇에 옮겨 담고 있었다. 루나는 굵은 소금처럼 생긴 가루를 비커에 옮긴 후 알코올램프에 불을 붙이고 있었다. 그리고 내 시선을 의식했는지 나를 향해 고개를 돌렸다. 나는 재빨리 시선을 피하려고 했지만 루나와 눈이 마주쳤다.

"어떻게 해야 할지 영 모르겠나 봐?"

"아니, 난 그냥 다른 사람들은 뭘 하는지 궁금했을 뿐이야."

나는 애써 부정하며 말했다. 저 꼬마한테만큼은 내 상황을 들키고 싶지 않았다.

"흐음, 그래? 그럼 내가 뭘 할지 직접 말해 줄까? 혹시 ★ 암염이라고 들어 봤나 몰라? 옛날에는 귀해서 정말 보석처럼 대접받았지."

"암염?"

"반응을 보니까 모르는 모양이네? 암염이란 소금을 물에 녹인 후에……. 음, 굳이 방법을 설명해 줄 필요는 없지. 결과가 나왔을 때 보면 놀랄 걸? 암염 결정의 투명하고 반짝이는 모습은 마치 다이아몬드 같으니까."

> ★ **암염**
> 바닷물이 증발하여 소금이 광물로 남아 있는 것으로, 염화나트륨으로 이루어져 있다.

루나는 말을 마치고 소금을 담은 비커에 물을 넣은 후 삼발이 위에 비커를 올렸다. 소금물을 만들 생각인 것 같았다.

그 모습을 보니 무인도에서 증류수를 만들던 때가 떠올랐다. 그때는 바닷물에서 물을 분리시키기 위해 물을 끓여 수증기를 만든 후 상대적으로 차가운 바나나 잎 아래에 물방울이 맺히게 했다.

'아! 그때도 수증기를 차가운 바나나 잎에 닿게 해 열을 뺏어 물로 만들었잖아! 기체가 고체가 되는 것도 열을 빼앗으면 되는 거니까 같은 방법이 통하지 않을까?'

증류수를 만들 때는 물을 수증기로 만들기 위해서 물을 끓여야 했지만 요오드 가스는 기체 상태이기 때문에 데울 필요도 없었다. 그리고 비커에 옮길 수도 없었기 때문에 나는 바나나 잎 대신 쓸 수 있는 실험 도구를 찾았다. 평편한 유리판 같은 걸 찾았지만 쉽게 찾아지지 않았다.

나는 밑이 둥근 유리 접시를 집어 들었다. 나는 요오드 가스가 새어 나오지 않게 조심스럽게 뚜껑을 열고 재빨리 유리 접시를 그 위에 엎어 유리병의 입구를 막았다.

"**요오드는 액체 상태가 없다고 했으니까 요오드 가스가 차가운 유리 접시에 닿으면 바로 고체로 변할 거야!** 승화 마법처럼 급격하게 승화시키는 것이 아니니까 유리병이 깨지지도 않겠지?"

나는 확신에 차 요오드 가스가 고체가 되기를 기다렸다. 그러나 유리 접시가 상대적으로 많이 차갑지 않은지 유리 접시에 자그마한 결정 같은 게 맺히는 것이 보였지만 빠르게 커지진 않았다.

'유리 접시를 차갑게 만들 방법이 필요해.'

얼음이 가장 좋을 것 같아 책상 위에서 얼음을 찾았지만 물밖에 없었다. 나는 물에 응고 마법을 걸어 얼음을 만들었다.

그런데 유리 접시를 엎어서 유리병 입구를 막아 두었기 때문에 얼음을 유리 접시 위에 올릴 수가 없었다. 나는 유리 접시의 아래쪽이 입구를 덮을 수 있게 재빨리 뒤집었다. 그리고 유리 접시에 얼음을 부었다. 그러자 확실히 얼음을 채우기 전보다 더 빠른 속도로 유리 접시 아래에 결정이 맺히기 시작했다. 듣기는 했지만 액체 상태가 없이 바로 고체인 결정으로 변하는 것은 정말 신기했다.

"곧 제한 시간이 끝납니다. 남은 시간 1분!"

사회자의 목소리가 울렸다.

결정이 점점 커지는 광경을 넋을 놓고 보고 있느라 시간이 지난 줄도 몰랐다. 나는 주위를 둘러보았다. 나를 제외한 두 사람 모두 보석이 완성되었는지 천을 덮어 놓은 물체를 앞에 두고 당당히 서 있었다. 그러나 내 요오드 결정은 충분히 생기지 않았다. 나는 급한 마음에 유리 접시에 물을 더 붓고 마지막으로 응고 마법을 걸었다.

"자! 제한 시간이 모두 끝났습니다. 지금부터 자신이 만든 보석을 관객들에게 공개하고

설명해 주시기 바랍니다. 멀린 선수부터 시작해 주세요."

요오드 결정이 완성되었는지 살피지도 못한 상태에서 사회자의 음성이 들렸다.

멀린 할아버지는 책상 위에 덮은 천을 걷었다. 그리고 흑진주 같이 윤이 나는 구슬을 손으로 들어 올렸다. 그가 공개한 보석은 경기장 가운데에 있는 커다란 화면으로 모두가 볼 수 있었다.

"이것이 제가 오징어 먹물로 만든 보석입니다. 먼저 ㉮ 액화 질소로 물방울을 순식간에 얼려 동그란 얼음을 만들었습니다. 거기에 천연 염색제인 오징어 먹물을 입혀 비록 시간이 지나면 사라지지만 순간만큼은 가장 아름답게 빛나는 보석을 만들었습니다."

㉮ **액화 질소**

질소를 액체화한 것으로, 대기압에서는 −196℃에서 액체로 존재한다. 온도가 낮아 다른 물질을 얼리는 데 사용된다.

그의 말이 끝나자 관객들 사이에서 감탄사가 터져 나왔다.

"다음으로 루나 선수, 설명 부탁드립니다."

루나는 의기양양하게 자신의 작품을 들어 올렸다. 처음부터 큰소리를 치길래 아름다울 거라고 생각은 했지만, 예상보다 더 반짝이고 투명한, 정말 다이아몬드와 같은 보석을 들고 있었다.

"저는 소금을 이용해 암염 결정을 만들었습니다. 암염은 실제로 아주 오래전에는 화폐 대신으로 사용할 만큼 귀했죠. 저는 우선 소금을 물에 넣고 가열하여 녹인 후 나무 막대에 실을 묶고 반대편 실

의 끝을 소금물이 담긴 비커에 넣었습니다. 그리고 소금물이 실을 타고 올라와 결정을 만들도록 했습니다. 그 결과 이렇게 만족스러운 결정이 탄생했죠."

루나는 어리고 얄미운 꼬마였지만, 나이에 맞지 않게 설명을 잘 했다. 그리고 그녀가 만든 암염 결정은 얼음 결정이 실을 타고 올라와 사방으로 꽃을 피운 것 같이 아름다웠다. 다들 나와 같은 생각인지 멀린 할아버지가 발표했을 때보다 더 큰 함성이 터져 나왔다.

"정말 아름답군요. 그럼 마지막으로 황 찬 선수, 결과물을 설명해 주시기 바랍니다."

아직 내 결과물을 정확히 보지 못한 나는 불안함을 떨칠 수 없었다. 떨리는 손으로 유리 접시에 담긴 얼음을 치우고, 유리 접시를 천천히 들어 요오드 결정이 보이게 뒤집었다.

"와……."

나도 모르게 감탄이 흘러나왔다. 비늘 조각 같은 모양의 반짝이는 결정들이 보라색의 영롱함을 지닌 채 둥근 유리 접시의 밑바닥을 덮고 있었다. 마치 유리 접시와 요오드 결정이 하나의 돔 모양 보석처럼 보였다. 주위의 관중들도 그 아름다움에 숨을 죽였다.

"황 찬 선수? 설명 부탁드립니다."

내가 완성품을 보고 아무 말도 하지 않자, 사회자가 재촉했다.

"아, 저는 별로 한 게 없습니다. 저는 요오드 가스가 든 유리병의

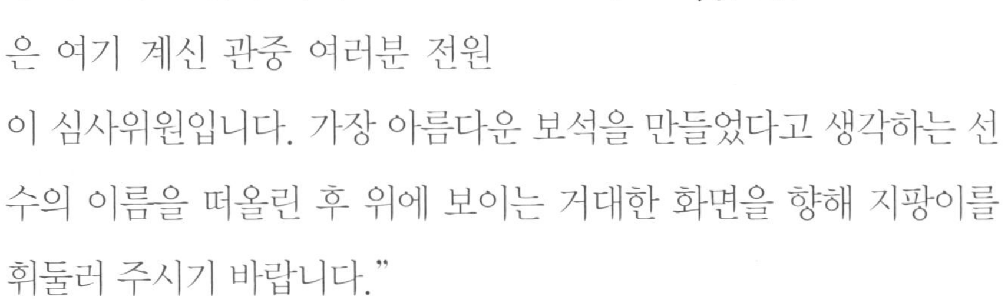

입구에 밑이 둥근 유리 접시를 덮은 후 요오드 가스가 차가운 유리 접시 밑에 달라붙어 고체 상태가 될 수 있도록 유리 접시에 얼음을 넣었습니다.”

내 설명이 끝나자 또다시 관객의 함성과 함께 박수가 쏟아졌다.

“보랏빛이 기품 있는 보석이군요! 그럼 세 선수의 설명이 모두 끝났습니다. 오늘은 여기 계신 관중 여러분 전원이 심사위원입니다. 가장 아름다운 보석을 만들었다고 생각하는 선수의 이름을 떠올린 후 위에 보이는 거대한 화면을 향해 지팡이를 휘둘러 주시기 바랍니다.”

사회자의 말이 끝나기 무섭게 화면에는 우리 세 사람의 이름이 뜨고, 관중석 이곳저곳에서 마법의 빛이 터져 나왔다. 그리고 이름 아래에 득표 수가 빠르게 증가하는 것이 보였다.

“자, 10초 후 투표 종료합니다.”

처음에는 세 사람의 득표 수가 비슷했지만, 지금은 나와 루나가 1, 2위를 다투고 있었다. 그리고 점차 수가 증가하는 속도가 줄어

들며 나와 루나의 득표 수가 정확히 보였다. 동점이었다.

"투표를 안 하신 분들은 빨리 해 주시기 바랍니다. 그럼 마지막 카운트 하겠습니다."

"3"

"2"

"1"

동점으로 끝난다고 생각한 순간 내 이름 아래로 한 표가 더 늘었다.

"이로써 결승전을 마칩니다. 이번 마법 대회의 우승자는 황 찬 선수입니다!"

"우와아아아!"

사회자의 외침에 엄청난 환호성이 울리며, 사회자의 지팡이 끝에서 쏘아진 불꽃이 하늘 위로 올라가 연달아 터졌다.

처음 보는 낯선 세계에 들어와 믿지도 않았던 마법으로 우승을 했다는 것이 마치 꿈만 같았다. 나는 믿을 수 없다는 표정으로 불꽃과 종이꽃이 날리는 하늘을 바라보았다.

"이건 정말 말도 안 돼! 누가 봐도 내 암염이 더 아름다웠다고! 내가 겨우 아론의 제자에게 지다니. 최고의 마법사 케이님의 제자인 내가!"

내 귀에 꽂힌 앙칼진 목소리의 주인공은 루나였다. 그녀는 이 결과를 인정하지 못하고 발을 구르며 화를 내고 있었다.

"아론……? 어디서 들어본 이름 같은데……. 그런데 아론의 제자에게 진 거라니 무슨 소리지?"

루나의 말을 이해할 수 없었던 나는 이 순간을 더 즐기기 위해 연달아 하늘로 올라가는 불꽃들을 보았다.

그리고 사회자가 다시 불꽃을 쏘아 올리는 순간, 불꽃의 폭발음과 함께 엄청난 굉음이 들리며 콜로세움 형태의 경기장 한쪽 벽면이 안쪽으로 무너져 내렸다.

다행히 관중석이 없는 곳이라 사람이 다치진 않았지만 경기장은 아수라장이 되고 말았다.

"관객 여러분! 모두 진정해 주시기 바랍니다. 모두 질서를 지켜 출구 쪽으로 나가 주십시오."

사회자의 목소리였다. 사회자의 목소리는 침착해 보였지만, 표정은 그렇지 못했다. 그녀 스스로도 무슨 문제로 경기장이 부서진 것인지 알지 못했기 때문이다.

"도대체 이게 어떻게 된 일이야……. 어? 아저씨!"

먼지 구름이 걷히고 부서진 콜로세움 쪽에서 아저씨가 나를 향해 달려오고 있었다.

"꼬맹아! 지팡이! 내게 지팡이를 던져!"

무슨 일인지는 모르겠지만 굉장히 다급해 보였다.

내가 손에 들고 있던 지팡이를 던지려고 할 때였다. 누군가 내 손목을 잡았다. 루나였다.

"그렇게는 안 되지!"

"놔! 이게 뭐하는 짓이야!"

나는 잡힌 손목을 떨쳐내려 했지만 루나는 쉽게 떨어지지 않았다.

"으하하하. 잘했다, 루나."

굵은 남자의 목소리였다. 그 목소리의 주인은 마법을 썼는지 공중에 떠서 아저씨를 뒤쫓아 우리 쪽으로 다가오고 있었다. 그리고 경기장의 링 안에 있는 플라스틱 의자에 지팡이를 휘둘렀다. 마법에 걸린 의자는 생물처럼 유연하게 휘어져 달리는 아저씨를 덮쳤다.

"아저씨!"

마법에 걸린 플라스틱 의자가 아저씨를 꼼짝 못하게 내리누르자 나는 흥분해서 루나를 밀어내고 아저씨를 향해 달려갔다.

"꼬맹아, 저 녀석이야. 내가 전에 말했던, 자칭 내 라이벌이라던 녀석, 저 녀석이 범인이었어."

내가 움직이지 못하고 땅에 누워 있는 아저씨에게 다가가자 아저씨가 말했다.

"저 녀석한테 무슨 일이 일어난 건지 모르겠지만 나를 엄청 미워하고 있었어! 처음에는 자기 제자랑 너랑 승부를 붙여 보려고 일을 꾸몄는데, 네가 우승했다는 말이 들리자 완전히 흥분해서 나한테 공격을 퍼붓고 있는 거야."

나는 제자라는 말에 루나를 보았다. 루나는 분명 아론의 제자 따위에 졌다느니 하는 이야기를 했었다. 그렇다면 허공에서 천천히 다가오는 저 사람이 케인임이 분명했다.

"이제 제가 어떻게 해야 하죠?"

내가 물었다.

"넌 저 녀석을 마법으로 못 이겨. 일단 내가 지팡이를 잡아야 하는데, 완전 결박당했으니……. 꼬맹아, 날 감싼 이 플라스틱에 승화 마법을 써서 얼려라. 빨리!"

"승화 마법이라니요?"

"플라스틱은 급속 냉동을 시키면 쉽게 깨져. 플라스틱 근처의 수증기를 모두 얼음으로 바꿔! 급속 냉동처럼 말이야. 그럼 이 플라스틱 덫 안에서 나갈 수 있어."

아저씨는 다급하게 외쳤지만 나는 어쩔 줄 몰랐다. 승화 마법은 성공한 적도, 심지어 성공할 뻔한 적도 없었다. 난 자신이 없었다.

"그래, 거기 꼼짝 말고 누워 있으라고. 하하하!"

케인의 목소리였다. 그는 망토를 뒤집어써 얼굴이 잘 보이지 않았지만 섬뜩하게 웃으며, 경기장이 부서질 때 생긴 콘크리트 덩어리들에 마법을 걸어 공중에 띄워 올렸다. 그리고 지팡이를 크게 휘둘러 나와 아저씨를 가리키자 거대한 콘크리트 덩어리들이 우리를 향해 날아왔다.

"꼬맹아, 빨리!"

내가 승화 마법에 실패한다면 나와 아저씨 모두 무사하지 못할 것이 분명했다.

나는 마음을 다잡고 지팡이를 꽉 쥐며 아저씨의 몸을 감싼 플라스틱 주위의 수증기 분자들을 보았다. 그리고 그것들이 플라스틱 근처에 한데 모여 고체가 되는 상상을 하며 지팡이를 크게 휘둘렀다. 그러자 기화 마법 때와는 비교도 되지 않는 뜨거운 열기가 터져 나왔다. 기체가 갑자기 고체가 되면서 안에 있던 열에너지가 급격하게 빠져나온 것이다.

분출되는 열기와 나를 덮쳐 오는 콘크리트 덩어리를 보고 두려움을 이기지 못한 나는 그만 두 눈을 꼭 감았다.

"엄마!"

가장 무서울 때 나오는 단어였다.

"괜찮아, 꼬맹아!"

플라스틱이 부서지는 소리와 함께 아저씨의 목소리가 울렸다. 그리고 내 손에 들린 지팡이가 자연스럽게 빠져나가 아저씨의 손에 쥐어지며 지팡이 끝에서 환한 빛이 터져 나와 경기장을 감쌌다.

나는 갑작스러운 빛에 눈앞이 아득해지더니 그대로 정신을 잃고 말았다.

분자 마법 퀴즈 8

요오드의 성질을 말해 보세요.

에필로그

다시 집으로

"이봐, 꼬맹이! 정신 차려!"

"음…… 아저씨?"

"그래! 나야, 내가 보여? 네가 갑자기 기절해서 얼마나 놀랐는지 알아?"

"경기장 일은…… 어떻게…… 됐어요?"

내가 힘없이 말했다.

"당연히 잘됐지! 내가 누구냐, 네 승화 마법이 성공하자마자 꽁꽁 언 플라스틱을 부수고 다 깔끔히 처리했지!"

내가 아는 아저씨의 모습 그대로였다.

"그런데요, 아저씨."

“응, 그래.”

“아저씨가…… 왜 두 명이에요……?”

시야가 흐려 잘 안 보이긴 했지만, 분명 내가 누워 있는 침대 곁에 아저씨와, 아저씨와 얼굴이 똑같은 사람이 함께 서 있었다. 나는 내가 잘못 본 줄 알고 눈을 세게 감았다가 다시 떴다. 그러나 아저씨는 여전히 두 명이었다.

“으아아악! 아저씨가 두 명이 되어 버렸어!”

나는 놀라 급히 일어나려다 침대에서 떨어질 뻔했다. 그런 나를 아저씨가 부축하여 다시 침대에 눕혔다.

"아아, 내가 설명하는 걸 깜빡했네, 이쪽은 케인이야."

"케인이오? 우리를 공격했던 마법사 말이에요?"

"그래. 그리고 내 쌍둥이 동생이지."

솔직히 나는 우리를 공격했던 마법사가 옆에 있다는 사실보다 그 사람이 아저씨의 쌍둥이 동생이라는 사실이 더 충격적이었다.

"미안하다."

케인이라는 아저씨의 쌍둥이 동생이 내게 다가오더니 쑥스럽다는 듯 눈을 피하며 말했다.

"꼬맹아, 네가 이해해 줘. 사실 우리 쌍둥이가 마법 세계에서는 천재 마법사로 좀 유명하거든. 그런데 사람들은 순위 매기는 걸 좋아해서 언제나 날 1등 마법사라 부르고 이 녀석은 2등이었어. 그러다 내가 인간 세상으로 공부를 떠나 이 녀석이 자연스레 1등이 되니까 사람들은 거저 얻은 1등이라고 놀려댔던 거지. 갑자기 날 공격하고 미워했던 것도 그렇고."

아저씨의 말에 나는 케인이란 마법사가 왠지 불쌍해졌다.

"그래서 내 제자 루나랑 너를 대결시켜 보고 싶었어. 누가 진짜 1등인지 말이야. 그렇지만 정정당당하지 못했던 건 미안해. 널 납치해 황야에 버려둔 거 말이야."

공터에서 내게 음료수를 건넨 마법사의 목소리가 아저씨와 비슷했던 이유를 이제서야 알 것 같았다.

"그럼, 루나는요……?"

난 혹시 그 싸움에 루나 같은 어린아이가 말려들지 않았을까 걱정되어 물었다.

"후후, 그 꼬마 녀석 성격이 만만치 않더라고. 자기가 진 걸 인정 못해서 너한테 사과하러 오지도 않았어."

아저씨가 고개를 설레설레 흔들며 말했다. 그리고 날 보고 활짝 웃으며 말을 이었다.

"말하는 것 보니까 꼬맹이, 이제 집에 가도 되겠구나?"

"집…… 집이오? 이제 집에 갈 수 있는 거예요?"

내 말에 아저씨는 완벽하게 하나가 된 그의 마법 지팡이를 내 눈 앞에서 흔들며 보여 줬다.

"지금 가겠니?"

아저씨답지 않은 다정한 말투였다.

"네, 집에 가고 싶어요……. 아저씨와 헤어지는 게 섭섭하긴 하지만요."

내 대답에 아저씨는 빙그레 웃으며 내게 손을 내밀었다.

나는 그 손을 꼭 잡고 아저씨를 따라 늘 마법을 연습하던 공터에 도착했다.

나는 공터까지 가면서 이 마법 도시에서 있었던 지난 기억을 더듬었다. 마법 도시 곳곳에 추억이 서려 있었다.

"자, 저곳이다. 내가 마법으로 만들어 놓은 차원의 문이야. 네가 가고 싶은 곳을 생각한 후 저 빛을 지나면 그곳으로 가게 될 거다."

아저씨는 공터의 중앙을 가리키며 말했다. 그곳에서는 환한 빛이 터져 나오고 있었다. 저곳을 지나면 드디어 가족이 있는 집으로 갈 수 있는 것이다. 나는 잡았던 아저씨의 손을 놓고 아저씨를 와락 껴안았다. 미운 적도 많았지만 늘 나를 도와줬던 분이었다.

"아론 마법사 스승님, 감사합니다."

"그래, 꼬맹이. 이제야 날 스승님이라고 부르는구나. 너도 고마웠다."

인사를 마친 나는 떨어지지 않는 발걸음을 애써 떼며 빛을 향해 걸어갔다.

"어이! 꼬마."

앙칼진 여자 목소리가 날 불러 세웠다. 루나였다.

그녀는 들고 있던 커다란 트로피를 내게 던졌다. 나는 가볍게 그 트로피를 받았다. 그것은 내가 우승한 마법 대회의 트로피였다. 내가 어리벙벙한 표정으로 루나를 보자 그녀는 날 쏘아보다가 점점 표정이 풀리더니 고개를 숙이며 말했다.

"미안했습니다."

루나는 그 말만을 남기고 재빠르게 달아났다. 루나 역시 좋은 기억은 없었지만 나쁜 녀석은 아닌 것 같았다.

나는 다시 발걸음을 돌렸다. 그리고 빛을 향해 천천히 걸어 들어가며 말했다.

"보고 싶은 엄마에게로!"

분자 마법 퀴즈 정답

퀴즈 1

원자는 물질을 이루고 있는, 더 이상 쪼갤 수 없는 가장 작은 알갱이를 말해요. 또한 분자란 물질을 이루고 있는 알갱이 중 물질의 성질을 지니고 있는 가장 작은 알갱이를 말하지요. 분자는 하나 또는 그 이상의 원자들의 결합으로 이루어지며, 분자를 구성하고 있는 원자의 종류와 수, 결합 방법에 따라 분자의 성질이 달라져요. 예를 들어 물은 물 분자로 되어 있고, 물 분자는 산소 원자와 수소 원자로 되어 있어요. 이때 물 분자가 산소 원자와 수소 원자로 쪼개지면 더 이상 물의 성질을 나타내지 않는답니다.

퀴즈 2

그릇에 담아 놓은 물이 줄어드는 것은 증발 때문입니다. 증발이란 액체가 끓지 않으면서 액체의 표면에서 액체가 기체로 변하는 현상을 말합니다. 물이 끓을 때처럼 빠른 속도로 기화가 일어나지는 않지만, 물이 조금씩 수증기로 바뀝니다. 빨래가 마르는 것, 목욕탕의 물을 닦지 않아도 물기가 사라지는 것 등이 증발의 예입니다.

퀴즈 3

물과 잘 섞이는 일반적인 물풀과 다르게, 보라색 물풀은 기름처럼 물과 절대 섞이지 않고 물 표면에 붙어 물의 흐름을 그대로 따라가기 때문입니다. 그래서 뗏목 밑바닥에 발라 놓으면 큰 해일이 몰아치지 않는 이상 바다에서 뒤집어지지 않습니다.

퀴즈 4

밀도는 $\frac{질량}{부피}$으로 구할 수 있습니다. 따라서 어떤 고체 물질의 부피가 $40cm^3$이고, 질량이 200g이라면 이 고체 물질의 밀도는 $\frac{200}{40}=5(g/cm^3)$가 됩니다.

퀴즈 5

비는 액체이고, 눈은 고체입니다. 액체는 고체에 비해 많은 열을 가지고 있으므로 액체가 고체로 될 때에는 가지고 있는 열을 방출하게 됩니다. 따라서 액체인 비가 고체인 눈으로 바뀌면 주변으로 열을 방출하게 되어 날씨가 포근하게 느껴지는 것입니다.

퀴즈 6

컵에 차가운 음료수를 담아 놓았을 때 바깥쪽에 물방울이 맺히는 이유는 컵이 주위의 공기보다 차갑기 때문에 컵 주변에 있던 수증기가 물로 액화되어 컵에 달라붙기 때문입니다. 새벽녘 풀잎에 이슬이 맺히는 것도 같은 원리랍니다.

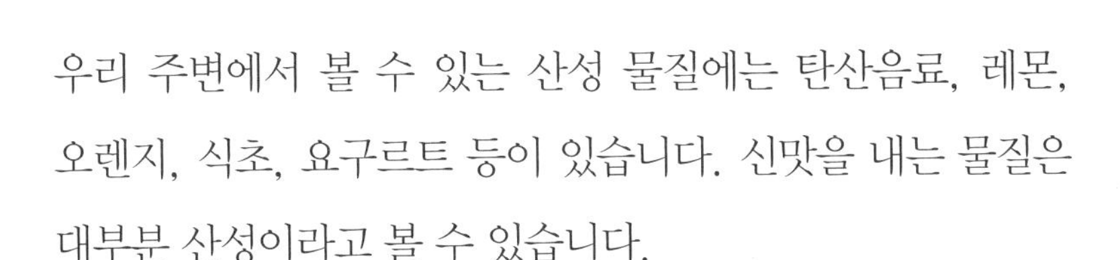

퀴즈 7

우리 주변에서 볼 수 있는 산성 물질에는 탄산음료, 레몬, 오렌지, 식초, 요구르트 등이 있습니다. 신맛을 내는 물질은 대부분 산성이라고 볼 수 있습니다.

퀴즈 8

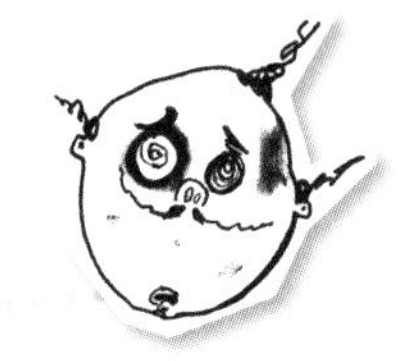

요오드는 흑자색의 고체로 승화성이 큰 물질입니다. 녹말을 검출할 때 사용하죠. 일반적인 물질은 기체에서 액체, 액체에서 고체로 변하거나 그 반대의 순서대로 변하는데 요오드는 액체 상태가 존재하지 않습니다. 마치 아이스크림 케이크를 차갑게 보관하기 위해 사용하는 드라이아이스처럼 승화하는 성질을 가지고 있습니다.

융합인재교육(STEAM)이란?

새로운 수학·과학 교육의 패러다임

"지구는 둥근 모양이야!"라고 말한다면 배운 것을 잘 이야기할 수 있는 학생입니다.

"지구가 둥글다는 것을 어떻게 알게 되었나요?"라고 질문한다면, 그리고 그 답을 스스로 생각해 보고 궁금증에 대한 흥미를 느낀다면 생활 주변에서 배우고 성장할 수 있는 학생입니다.

미래 사회는 감성과 창의성으로 학문의 경계를 넘나드는 융합형 인재를 필요로 합니다. 단순한 지식을 주입하지 않고 '왜?'라고 스스로 묻고 찾아볼 수 있어야 합니다.

미국, 영국, 일본, 핀란드를 비롯해 많은 선진 국가에서 수학과 과학 융합 교육에 힘쓰고 있습니다. 우리나라에서도 창의 융합형 과학 기술 인재 양성을 위해 교육부에서 융합인재교육(STEAM) 정책을 추진하고 있습니다.

융합인재교육(STEAM)은 과학(Science), 기술(Technology), 공학(Engineering), 예술(Arts), 수학(Mathematics)을 실생활에서 자연스럽게 융합하도록 가르칩니다.

〈수학으로 통하는 과학〉 시리즈는 융합인재교육(STEAM) 정책에 맞추어, 수학·과학에 대해 학생들이 흥미를 갖고 능동적으로 참여하며 스스로 문제를 정의하고 해결할 수 있도록 도와주고 있습니다.

스스로 깨치는 교육! 과학에 대한 흥미와 이해를 높여 예술 등 타 분야를 연계하여 공부하고 이를 실생활에서 직접 활용할 수 있도록 하는 것이 진정한 살아 있는 교육일 것입니다.

사진 저작권

13쪽 (드라이아이스) ⓒⓘⓞ Nevit

48쪽 (풀잎에 맺힌 이슬) ⓒⓘⓞ bastus917

65쪽 (현무암) ©네이버 블로그-꽃과 동물 과학사랑

80쪽 (수증기와 김) ⓒⓘⓞ RLHyde

181쪽 (증기 기관차) ⓒⓘⓞ Drew Jacksich

237쪽 (양배추 지시약 만들기) ©네이버 카페-미래GT아카데미 군산 캠퍼스

241쪽 (성에) ⓒⓘ Milan Garbiar from Liesek, Slovakia

241쪽 (서리) ⓒⓘⓞ Przykuta

7 수학으로 통하는 과학

초판 1쇄 발행일 2014년 8월 27일
초판 6쇄 발행일 2020년 11월 23일

지은이 강선화
그린이 이지후
펴낸이 정은영

펴낸곳 |주|자음과모음
출판등록 2001년11월 28일 제2001-000259호
주소 (우04083) 서울시 마포구 성지길 54
전화 편집부(02)324-2347, 경영지원부 (02)325-6047
팩스 편집부(02)324-2348, 경영지원부 (02)2648-1311
이메일 jamoteen@jamobook.com

ISBN 978-89-544-3097-5(44400)
978-89-544-2826-2(set)

이 도서의 국립중앙도서관 출판시도서목록(CIP)은 서지정보유통지원시스템
홈페이지(http://seoji.nl.go.kr)와 국가자료공동목록시스템(http://www.nl.go.kr/kolisnet)에서
이용하실 수 있습니다.(CIP제어번호: CIP2014023273)